BBC 宇宙三部曲

宇宙之光

恒星与超新星

[英] 伊恩·尼科尔森（Iain Nicolson） 著

符 磊 胡寿村 译

江苏凤凰科学技术出版社

·南京·

图书在版编目（CIP）数据

宇宙之光：恒星与超新星 /（英）伊恩·尼科尔森著；符磊，胡寿村译 . -- 南京：江苏凤凰科学技术出版社，2020.7（2024.1 重印）
（BBC 宇宙三部曲）
ISBN 978-7-5713-1054-7

Ⅰ . ①宇… Ⅱ . ①伊… ②符… ③胡… Ⅲ . ①恒星 - 普及读物 Ⅳ . ① P152-49

中国版本图书馆 CIP 数据核字 (2020) 第 044095 号

江苏省版权局著作权合同登记 10-2019-517

宇宙之光：恒星与超新星

著　　者	[英] 伊恩·尼科尔森（Iain Nicolson）
译　　者	符　磊　胡寿村
责任编辑	沙玲玲
助理编辑	张　程
责任校对	仲　敏
责任监制	刘文洋
出版发行	江苏凤凰科学技术出版社
出版社地址	南京市湖南路 1 号 A 楼，邮编：210009
出版社网址	http://www.pspress.cn
印　　刷	南京新世纪联盟印务有限公司
开　　本	787mm × 889mm　1/16
印　　张	6
字　　数	106 000
插　　页	4
版　　次	2020 年 7 月第 1 版
印　　次	2024 年 1 月第 7 次印刷
标准书号	ISBN 978-7-5713-1054-7
定　　价	68.00 元（精）

图书如有印装质量问题，可随时向我社印务部调换。

Stars and Supernovas

Iain Nicolson

目录 Contents

1

SEEING STARS

认识恒星

1 认识恒星

在没有月亮的晴朗夜空，我们会看见天空中布满繁星，它们有些看起来特别明亮、醒目，而有些则十分暗淡，几乎看不见。随着时间的推移，它们会悄无声息地由东至西划过天空。随着日出的来临它们逐渐消失，淹没在太阳的光芒中，等到日落，随着夜幕的降临它们又再次出现。对于古代的星空观测者来说，天空中的星星看起来是永恒不变的，它们总是呈现出同样的图案。尽管一年中的不同季节看到的星空会有不同，但同样的星空总是会在一年中的同一时间再次出现，从不爽约。只有 5 个像恒星一样的光点是例外，相对星空中其他背景恒星，它们的位置每天都会发生变化。这些在天空中“漫步的恒星”其实是行星。尽管古代的星空观测者对这些用肉眼就能够直接看到的行星和恒星十分熟悉，不过他们并不知道这些光点到底是什么。

P6 图：箭鱼座 30（30 Doradus）是许多恒星诞生的区域，在它的中央分布着一大群庞大、炽热和大质量的恒星。这些恒星被统称为 R136 星团，这张照片是哈勃太空望远镜用可见光的方式拍摄的。

恒星与行星：我们在宇宙中所处的位置

众所周知，我们生活在一个名叫地球的行星之上。地球是一颗围绕太阳公转的岩质天体，太阳则是一颗能量来源于内部核反应的炽热气体球。恒星本身就是一颗颗“太阳”，发光的原理与太阳一样。

在太空中，离我们最近的邻居是月球。月球同样是一个岩质天体，直径大约是地球的1/4，绕地球运行的周期是27.3天。月球离地球的平均距离是384 400千米，大约相当于在地球的赤道上绕10圈。月球本身并不发光，它的光来自对太阳光的反射。太阳到地球的平均距离是149 600 000千米，几乎是月球与地球平均距离的400倍。

上图：正向西落入地平线下的太阳，我们的地球围绕其公转。

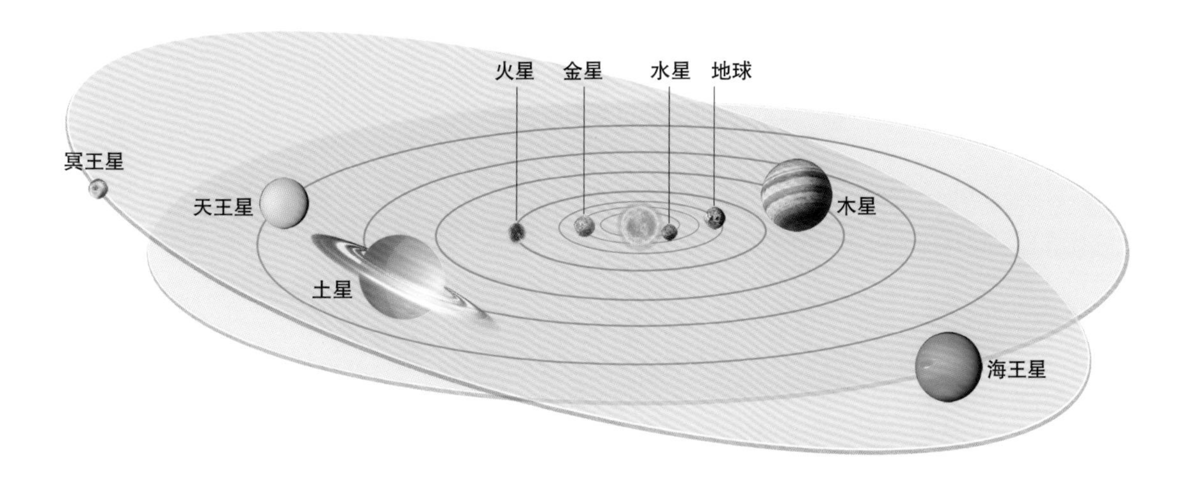

下图：我们太阳系的八大行星（2006年，国际天文联合会IAU将冥王星划为矮行星）在围绕太阳的椭圆轨道上运行。八大行星外围的冥王星轨道倾角有17度。

上图：**黎明时的金星，其亮度比最亮的恒星还要高 15 倍。中间偏左的位置是昴星团。**

右页图：**穿过天蝎座和人马座看到的银河系，其中包含恒星云和较暗的尘埃斑块。**

☆ 如果你驾驶一辆速度为 100 千米每小时的汽车从地球出发，到达月球大约需要 5.5 个月，而到达太阳大约需要 170 年，如果要到达半人马座的比邻星（距离我们最近的恒星）则需要 4 600 万年。

太阳的直径是 140 万千米，比地球的直径大 100 倍以上，体积超过地球 100 万倍，也就是说把 100 万个地球装进太阳中还填不满它。

地球是围绕太阳运行的八大行星之一。相对地球来说，水星和金星距离太阳更近，而其余的火星、木星、土星、天王星和海王星则距离太阳更远。与月球一样，这些行星本身并不能发光，它们的光来自对太阳光的反射。其中水星、金星、火星、木星和土星 5 颗行星很亮，直接用肉眼就能看到；金星是天空中除太阳和月球以外最亮的天体。

恒星与银河系

除太阳以外，距离我们最近的恒星是半人马座的比邻星，它是一个很暗的红色恒星。由于它太暗，只有用望远镜才能看到，用肉眼没法观测。比邻星距离我们大约 40 万亿千米，大约是太阳离我们距离的 25 万倍。由于恒星之间的距离实在是太远了，超出了我们的想象，为了方便描述同时也为了更容易理解，我们通常用光走过这个距离所需要的时间来表示。光每秒钟可以走 30 万千米，光速是宇宙中已知的最快速度。一束光从月亮到达地球只需要 1.3 秒，从太阳到达地球需要 8.3 分钟，从冥王星到达地球需要 5.5 小时，即便从半人马座的比邻星出发也只需要 4.2 年就能到达地球。光一年能走约 10 万亿千米，这个距离称为一光年。因为半人马座比邻星发出的光需要 4.2 年才能够到达我们，因此我们就说半人马座的比邻星与我们之间的距离是 4.2 光年。

太阳与其他所有能用肉眼看到的恒星一样，只是一个巨大恒星系统——星系的一部分。我们所处的星系包含至少 1 000 亿颗恒星，其中心是一个由众多恒星组成的核球，星系中的绝大部分恒星都聚集在那里，核球被一个由恒星和气体云组成的薄盘结构围绕着。盘上的绝大多数气体云与众多恒星聚在一起，形成了旋“臂”状的结构。我们所处星系的直径大约有 100 000 光年，太阳距离星系的中心大约有 28 000 光年，比星系的半径略大。

我们星系的盘上有数以百万计的恒星，从地球上看它们发出的光就像一条穿过星空的狭窄光带，在没有月亮的晴朗夜晚可以用肉眼看到它，我们把它叫作银河。正因为此，我们所在的星系也被称为银河系，但它只是我们可见宇宙中几十亿个星系中的一个。

旋转的天空

早期的文明认为，地球看起来是平的，而天空则可能是被遥远的山脉支撑着，像穹庐一样悬挂在地面上方。这样的观点反映了这些文明所处的生存环境中不存在人工照明的光污染或工业污染导致的大气浑浊，那时的天空看起来就像是一个挂满了恒星的穹庐。

使人类对宇宙的认识向前迈出巨大一步的则是古希腊人。在公元前 5 世纪初期，一批希腊哲学家发现天上的星星像是附着在一个球上，每天都会绕着地球转一圈，而地球本身也是一个球体。公元前 4 世纪，欧多克索斯（Eudoxus）提出了同心球理论，在这个理论中太阳、月亮、行星和恒星都位于一系列围绕地球旋转的同心球面上，并且地球位于宇宙的中心。尽管阿利斯塔克（Aristarchus）在公元前 3 世纪就提出，我们每天看到的太阳和恒星的运动实际上是由于地球的自转引起的，地球和行星其实都在围绕着太阳旋转，但是直到

左页图：**这张多次曝光的延时摄影照片展示了太阳在一天之中的运行轨迹。**

右图：**星象迹线（俗称星轨）。在这张近12小时曝光的照片中，地球的自转使每一颗恒星的像变成了一个以南天极为圆心的半圆形的轨迹。**

17世纪地心说才被正式废除。

今天，我们都知道恒星其实就是距离我们非常遥远的“太阳”，不过它们与地球之间的距离有近有远。但为了便于描述太阳、恒星和行星在天空中的位置和运动，通常假设它们都位于一个巨大的球面上绕着地球旋转，我们称这个球面为“天球”。与地球一样，天球有南极、北极和赤道。天球的视旋转使太阳和恒星沿着平行于天赤道的轨迹划过天空。

如果你站在地球的北极（南极），北（南）天极就位于你头顶的正上方，天赤道就是地平线。恒星将沿着平行于地平线的轨道运动，既没有星出也没有星落。对于一个位于北极的观测者来说，北半天球始终可见，而南半天球则始终被地平线遮挡。

与此相反，对一个位于南极的观测者来说，南半天球将始终可见，而北半天球一直被遮挡。从地球的赤道上来看，天赤道则是垂直于地平

☆ 在理想的观测条件下，整个天球上用肉眼能够看到的恒星大约有5 800颗，不过在任何时候都有一半位于地平线以下。

线的。因此，天赤道会直接从观测者的头顶穿过，地平线的南点与北点就是南天极和北天极。恒星从东边的地平线垂直升起，并从西边的地平线垂直落下。虽然对于赤道上的观测者来说，在任一时刻同样只有一半的天球可见，但由于天球的旋转，赤道上的观测者是可以看到整个天球的——尽管他们看到天球各个部分的时间不一样。

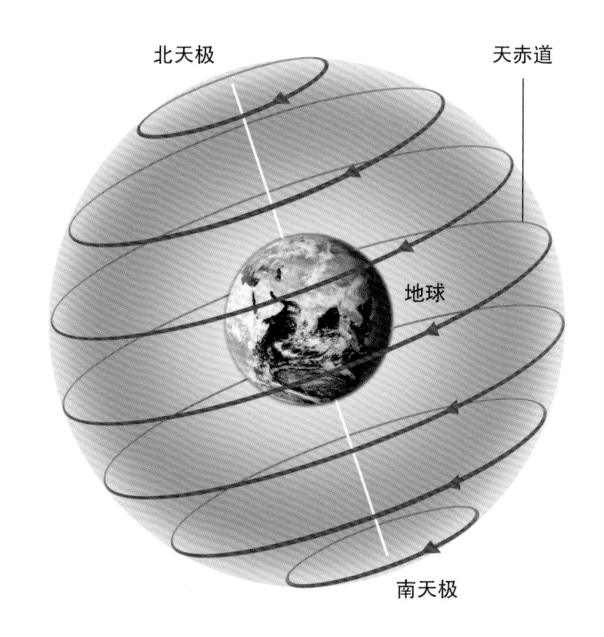

拱极星

从地球上其他的地方看起来，一部分恒星将始终位于地平线之上永不落下，一部分则始终位于地平线以下不可见，其他恒星则与地平线呈一定的夹角升起和落下。那些永不落下的恒星称为拱极星，随着天球的旋转，每一颗拱极星将绕着天极在地平线以上画出一个圆圈。哪些恒星是拱极星、哪些恒星不可见取决于你所处的纬度（赤道面与你所处位置的地心夹角）。无论位于地球上的什么位置，天极高度（地平面与天极的夹角）都等于当地的纬度。比如你生活在北纬 51.5 度（伦敦的纬度），天极则位于地平线以上 51.5 度的位置，所有位于南天极 51.5 度以内的恒星都不可见。

由于地球的自转，天球（上图）看起来绕着通过南北天极的轴，沿着图中的箭头由东至西转动。在位于地球两极的观测者看来（左上图），恒星将平行于地平线运动。地球赤道上的观测者（左下图）则会看到恒星垂直于地平线升起和落下。

星座

几千年前的星空观测者就开始辨识由恒星组成的图案了。最初发明这些恒星图案或者说星座，可能是为了更方便地将夜空划分为不同的区域，以便帮助人们根据星座的变化规律来确定那些对农业生产来说非常重要的时间节点。最早的星座都是用动物来命名的，比如 5 000 多年前生活在中东的苏美尔人就在恒星中辨认出了一头狮子、一头公牛和一只蝎子的图案。

古希腊人则用神话传说中的人物来为很多的星座命名。例如珀尔修斯（英仙座）就是神话传说中将美杜莎的头砍下来的英雄，美杜莎是戈耳工（蛇发女妖）三姐妹之一，能够将所有看到她眼睛的人变成石头。将美杜莎斩首后，珀尔修斯在回家的路上，遇到海怪即将吞噬国王刻甫斯（仙王座）与王后卡西奥佩娅（仙后座）的女儿安德洛墨达（仙女座），于是便用美杜莎的头将海怪变成了石头。希腊人在星空中将仙女座、仙王座、仙后座和英仙座全都用星座表现了出来，其中，美杜莎的头位于变星大陵五的位置。

最壮丽的古希腊星座是猎户座，它代表的

左图：**由各星座主星连线构成的星座图案。从左上角沿顺时针方向分别是：飞马座、小马座、海豚座、天鹰座、盾牌座、人马座、摩羯座、宝瓶座。**

上图：这幅德国艺术家托比亚斯·康拉德·洛特（Tobias Conrad Lotter，1717–1777）的版画作品中，画出了南、北半天球的星座。其中还展示了月相，以及月球和行星的运动。

是一个被蝎子杀死的猎人。

其显著的特征包括：呈一条直线，代表猎户“腰带”的三颗亮星；两颗特别明亮的恒星参宿四（代表其右肩）和参宿七（代表其左脚）。

古希腊的星座后来都有了拉丁名称，例如：Ursa Major（大熊座）、Canis Major（大犬座）、Leo（狮子座）、Taurus（金牛座）、Scorpius（天蝎座）等。

托勒密是一位生活在公元 2 世纪亚历山大城中的天文学家，一共发现了 48 个星座。除了一个叫作南船座的大型星座外，其他的星座都能够在今天的星图中找出来。南船座象征的是神话英雄伊阿宋（Jason）去寻找传说中的金羊毛时所乘坐的阿尔戈号轮船。南船座现在被拆分成了 4 个星座：船帆座、船底座、船尾座和罗盘座。从托勒密的时代开始，随着人们辨认出星空中越来越多的图案，星图上的星座也不断地增加，其中还包括那些古希腊人无法看到的在遥远南天的星座。现在，整个天球总共被划分为了 88 个星座。

上图：图中人物是公元 2 世纪时的希腊天文学家和数学家托勒密（Ptolemy），这幅画由贾斯特斯·范·根特（Justus van Gent）约 1476 年创作。

不同文明眼中的星空

由于文化差异，不同的文明辨识出了不同的恒星图案，并给它们起了具有各自文化特色的名字。古代中国、非洲和美洲人辨识出的星座就与古希腊人辨识出的星座有很大的不同，不过其中也有一小部分很相似。比如：中国人就辨识出了耕犁或大勺形的 7 颗恒星，并称其为北斗（七星）。他们对猎户座腰带位置的 3 颗恒星也很熟悉，并称其为参宿（由 3 颗恒星组成）。这 3 颗恒星在古代非洲大陆也相当知名，尽管非洲人给它们起了各种各样不同的名字。在大西洋的彼岸，生活在中美洲的玛雅人还认出了天蝎座。

此外，有一些比较亮的恒星，人们也特意地为它们取了名字[1]。有些名称来源自古希腊人，比如：天狼星、南河三和北河二；有些名字则是古罗马人起的，比如：轩辕十四和勾陈一；而它们中的绝大多数都是由阿拉伯天文学家命名的，比如：参宿四（猎户座）、大陵五（英仙座）、毕宿五（金牛座）和天津四（天鹅座）。1603 年，德国天文学家约翰 · 拜耳用希腊字母来标记每个星座中的亮星，并按照亮度为它们排序：最亮的标记为阿尔法（α），次亮的为贝塔（β），以此类推。不过在今天看来，这种标记并非完全按正确的亮度顺序来排列的。按照拜耳的命名法则，这些希腊字母以拉丁文所有格的形式加在星座名称之上，如：天津四称为天鹅座 α 、天狼星称为大犬座 α 、大陵五则被称为英仙座 β 。

事实上，我们上面所说的星座并没有物理上的意义。因为，虽然从地球上看它们都位于相近的方位，但实际上它们与地球之间的距离有着非常大的差别。

例如：猎户座最亮的恒星中，参宿四距我们约 300 光年，参宿七距我们约 900 光年，而参宿三（在“腰带”的西北端）与我们之间的距离则超过了 2 000 光年。参宿七、参宿三与参宿四之间的距离比我们与参宿四之间的距离还要大[2]！

尽管如此，有些成团的恒星在物理上确实是紧密连接在一起的（这种情形称为“成协”）。其中最著名的就是昴星团，一个位于金牛座的小型致密星团。如果观测条件理想，一个视力正常的观测者可以在昴星团中看到六到七颗恒星；如果观测者的视力极佳，则能看到更多的恒星，数量可达前者的两倍；如果借助单筒或双筒望远镜观测的话，就可以看到更多数量的恒星。

季节变换

如果地球的自转轴垂直于公转的轨道平面，太阳就会始终位于赤道的上方，而从地球的两极看太阳将一直位于地平线上。此时，在我们星球上的任何一个地方，日夜的长度将会是完全一样的——各 12 小时。可是，实际上由于地球的自转轴与轨道平面的垂直方向（即法线）之间有一个 23.45 度的夹角，因此在地球上的人们会经历一年之中的季节变化，春、夏、秋、冬，在这个过程中日照的时间也会随之变化。

在每年的 3 月 21 日左右，太阳将直射地

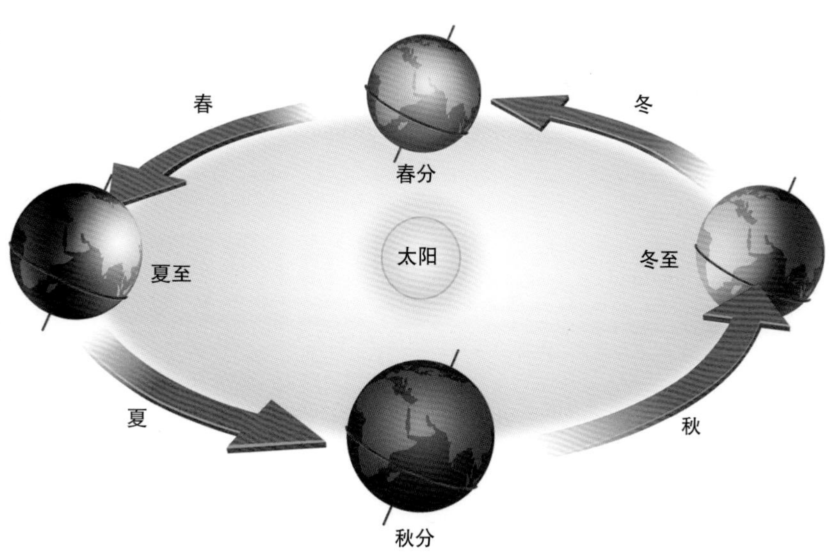

左页图：**由约 500 颗恒星组成的昴星团。图中围绕在最亮恒星周围的模糊团块是由含尘气体云反射它们的星光导致的。**

右图：**地球自转轴的倾角与其绕太阳的公转导致了南北半球日照强度的周期性变化，进一步形成了地球上的四季变化。**

球赤道，因此地球上所有的地方将日夜平分，即日长和夜长都是12小时。这一天被称为春分日，标志着北半球正式进入春天[3]。

在6月21日左右，地球在其围绕太阳的公转轨道上已经运行了1/4圈，此时太阳的直射点位于北纬23.45度（即北回归线[4]），这一天就是夏至日。北纬23.45度以上的北极圈会经历极昼，与此相反，在南纬23.45度以上的南极圈将会经历极夜。

上图：格陵兰岛的“午夜阳光”。在极区，盛夏时节为极昼，即太阳24小时都在地平线之上，既没有日出也没有日落。

下图：不同季节同一位置和方位观测到的星空。冬季（左）看到的是猎户座和天狼星；夏季（右）看到的是室女座和天秤座。

秋季和冬季

在9月22日附近，当太阳又一次直射赤道时，北半球的秋天开始了。在3个月以后，12月22日左右，将迎来冬至日。这个时候，北极圈内会经历极夜，而南极圈内的全境则开始沐浴在极昼的温暖日光之中。再过3个月，地球就刚好围绕太阳转过了一圈，北半球会再次迎来春天。

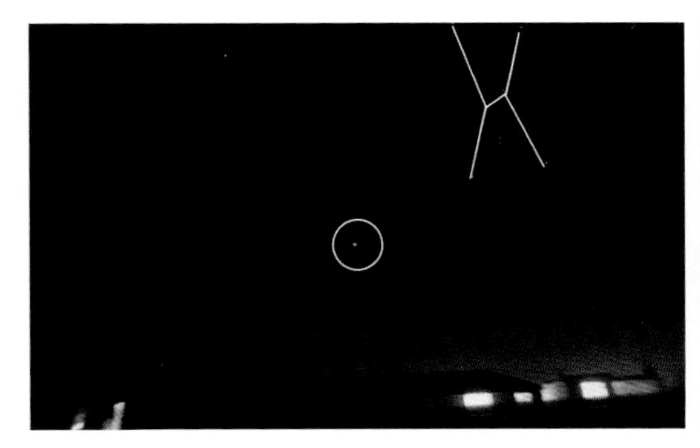

如果白天可以看到星星的话，我们将会看到太阳位于众多背景恒星之前。随着时间的流逝，我们会看到随着地球的公转，太阳的位置如何相对背景恒星变化。每年地球都会绕着太阳公转一周，而太阳（从地球上看起来）就像在天球上转了一圈。太阳在天球上的运行所描绘出来的轨迹叫作“黄道”，黄道所经过的由恒星组成的带状区域称为黄道十二宫（也叫作黄道带）。

上图：**这幅德国天文学家约翰·波德（Johann Elert Bode）1801 年发表的波德星图（Uranographia），显示了北半球的星座，上面还画出了天赤道和黄道。其中，左上角是双子座，中间是猎户座，右边是金牛座，背景中央是银河系。**

☆ 古埃及人认为每当冬至来临，女神努特（Nut）会生下太阳神拉（Ra），而银河则是女神努特的身躯。

在一年之中，太阳依次穿过传统黄道十二星座：白羊座、金牛座、双子座、巨蟹座、狮子座、室女座、天秤座、天蝎座、人马座、摩羯座、宝瓶座和双鱼座。此外，在每年的 11 月 30 日和 12 月 17 日，太阳还会穿过蛇夫座。

当地球绕着太阳公转时，地球的夜半球（背对着太阳的那一面）的朝向会不断变化。由于这个原因，在晚上每颗恒星或星座从地平线上升起的时间将会比前一天提前 4 分钟，一个月后就提前 2 个小时了，而等到一整年以后，升起的时间就刚好和一年前一样了。不同恒星和星座在一年中的最佳观测时间并不一样。例如：从北半球来看，由于猎户座位于正南方，因此猎户座将会在 12 月份的午夜左右经过天顶位置，此时是最佳的观测时间；在 6 月份，猎户座则会被太阳的光芒掩盖而无法观测。

早期的文明会将某些特定的恒星（天体）与一些季节性的时间节点联系起来。例如：在非洲和美洲部分地区，人们认为当昴星团在黎明出现时是播种玉米的最佳时机。因此，对早期农耕社会来说，天象观测有着举足轻重的地位。

右图：**金牛座包含亮星毕宿五（左）、呈 V 字形排列的毕星团恒星（中间靠左）以及昴星团（右上部）。**

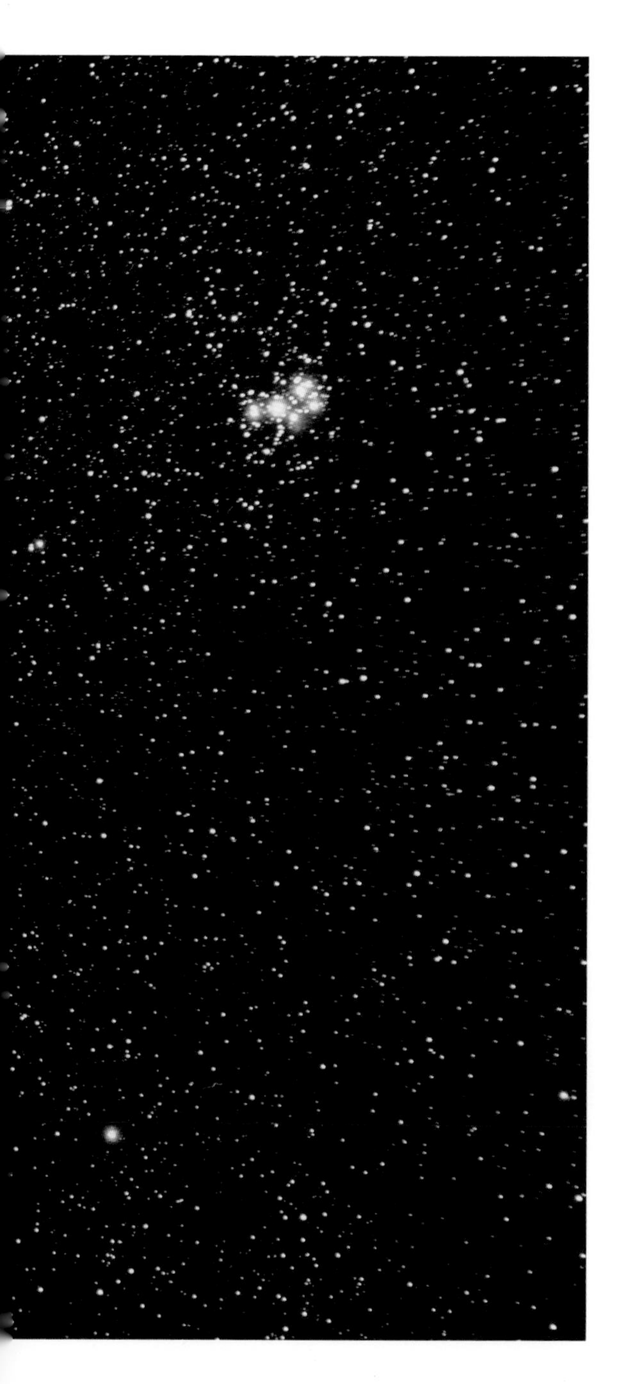

天狼星和日历年

尼罗河（见下图）流域的富饶地区对埃及有着非常重要的意义。早在 5 000 多年前，埃及人就已经知道了一年有 365 天。

大约在公元前 2500 年，埃及人意识到，每年灌溉毗邻区域的尼罗河水暴涨的时间与天狼星（古埃及人称天狼星为索提斯）每年第一次在日出前的东方天空出现（这种现象叫作天狼星的“偕日升”）的时间是一致的。随着时间的推移，他们意识到了天狼星偕日升与尼罗河水暴涨的日期在他们的日历年中每隔 4 年就相差 1 天，在经过 1460 年（365 × 4）后将回到日历上的相同日期。他们由此断定，一年并不精确地等于 365 天，而是 365.25 天。现在，为了让日历年与一年四季相吻合，我们每 4 年就给 2 月加上 1 天。

天空中的路标

尽管一眼望去，夜空中的星星显得有些杂乱无章，不过当你辨认出几个标志性的星座后再辨认其他星座就变得相对容易了。这些标志性的星座可以作为你辨认其他星座的路标。

最著名的北半球星座是大熊座。其中的 7 颗亮星组成了一个极具辨识度的图案（星官），这个图案看起来像一个弯柄的平底锅，也被称作犁（英国）或大勺（美国），我们称之为北斗七星。北斗七星对北纬 41 度以北范围内的任意地区来说，例如不列颠群岛和美国北部地区，都是拱极星座[5]。

平底锅图案中，与“锅柄”相对的两颗恒星是北斗一和北斗二。由于北斗一和北斗二的连线指向北极星，因此它们也被称作指极星。

上图：猎户星座图，代表猎人形象。左上方的亮星是参宿四，右下方的亮星是参宿七，中间呈一直线的三颗星分别是参宿二、参宿一和参宿三，它们代表猎户座的腰带。

北半球星空图

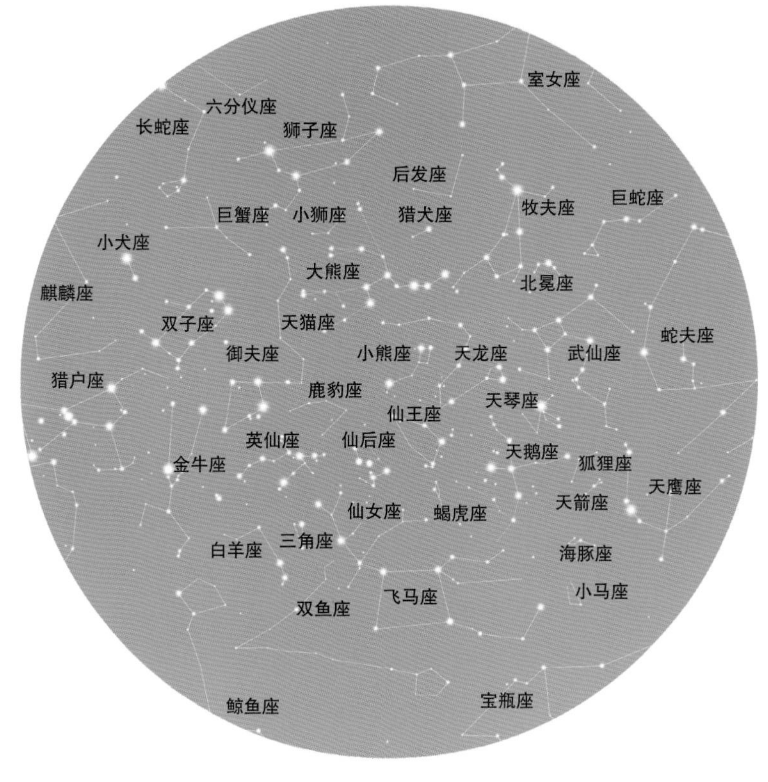

北极星是一颗中等亮度的恒星，因为它总是出现在北天极 1 度的范围内，所以也被称作极星（或北星）。北极星与北斗一大约呈 30 度夹角，在小熊座的尾巴上。“锅柄”中间的恒星叫北斗六，在天球上将北斗六与北极星的连线沿 30 度角延长，就到了 W 形星座仙后座的位置。如果顺着“锅柄”尾部的方向沿 30 度角延长，

上图：**北斗七星的连线图，这是大熊座中十分容易辨认出的图案。从右往左数的前两颗星分别是北斗一和北斗二。**

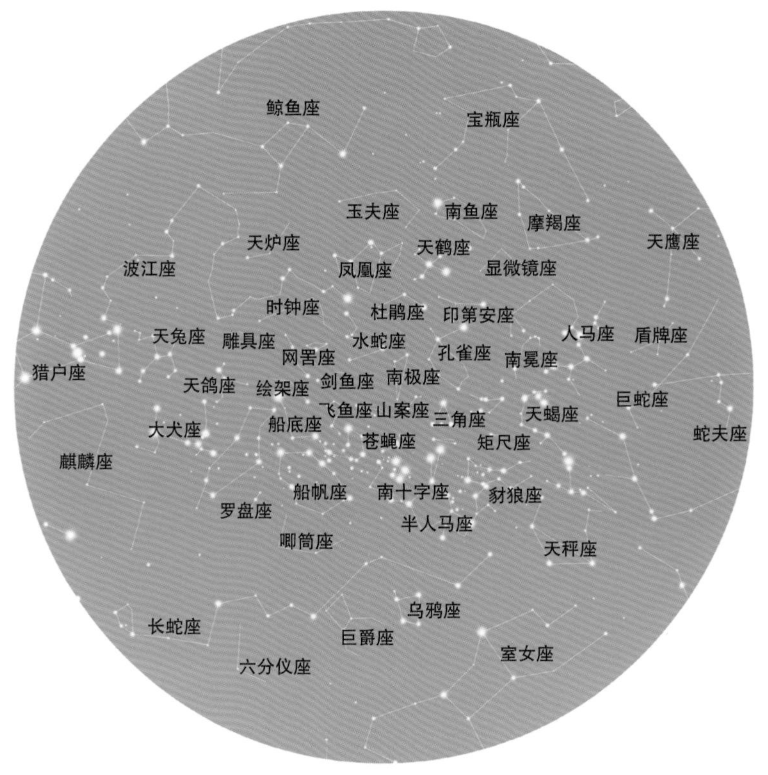

就到了牧夫座最亮的恒星——大角的位置。

另外一个标志性星座，就是在地球上任何地方都能看到的猎户座——其星图非常醒目。如果从北半球观察，在冬季猎户座几乎占据整个南方的夜空。其中，星座中心的三颗连成一线的恒星就是猎户座的腰带。猎户座腰带指向东南方的天狼星，天狼星是大犬座的主星，而且是天空中最亮的恒星。腰带的另一边则指向西北方的橙红色毕宿五，毕宿五是金牛座中最亮的恒星。沿着同样的方向稍远一点则是昴星团。附近的其他恒星和星座还包括南河三（小犬座中最亮的恒星）、北河二和北河三（双子座中最亮的两颗恒星）、五车二（御夫座中最亮的恒星）。

夏季星空的一个显著特点就是有一个由 3 颗亮星组成的图案，称作夏季大三角。不过夏季大三角并不是一个独立的星座，其中的恒星分别属于 3 个不同的星座，它们分别是：天琴座的织女星、天鹅座的天津四和天鹰座的河鼓二（即牛郎星，下文沿用此名）。从北半球观看，南方天空的夏季大三角在 7 月的午夜、8 月份的晚上 10 点和 9 月份的晚上 8 点（夏令时则顺延一小时）这 3 个时间点附近，其高度角相对较大。

进动与恒星

一个高速旋转的陀螺，如果其自转轴偏离了垂直方向，那么除了自转以外，陀螺整体还将绕着垂直方向旋转。地球的自转与此相似，其自转轴以 25 800 年的周期缓慢地沿着一个圆锥面运动。在这个过程中，南北天极的位置将在天空中画出一个圆圈，而春分点（每年 3 月 21 日左右太阳穿过天赤道的点）则会沿着黄道十二宫的星座移动，这种现象称为“进动”。目前，北天极位于北极星附近，而在 4 500 年前（大约为古埃及大金字塔建造的时间）北天极位于天龙座的右枢附近。再过约 12 000 年，它将移动到亮星织女星附近。2 000 年前，占星术士将黄道分为大小相同的 12 个天区（见右图），与黄道十二宫星座的名称相同。那个时候，春分点位于白羊座，由于地球的进动，现在春分点则落在双鱼座之中。现在，占星学中的十二宫也已经并不对应黄道十二宫中相应名称的星座了。

左图：夜空中最亮的恒星——天狼星，位于大犬座。

下图：图中中间位置组成风筝形图案的恒星就是南十字座。左下方的两颗亮星分别是半人马座 α 和半人马座 β。

南半球的恒星

对生活在北半球的人而言，半人马座是遥远南半球星空中的标志性星座之一。其中最亮的恒星半人马座 α（南门二）用肉眼可以轻易看见，半人马座 α 是全天空第三亮的恒星，同时也是除太阳以外距离地球最近的恒星。半人马座 α 和半人马座 β（马腹一）的连线指向南十字座。南十字座是一个虽然很小却极具辨识度的星座，距离南天极约 30 度角。尽管南十字座 γ 与南十字座 α 的连线几乎直接指向南天极，但在南天极附近却没有什么标志性的恒星以方便我们确定其位置。如从澳大利亚或相同纬度观察，南十字座的高度角在 3 月的凌晨 1 点、4 月的夜间 11 点、5 月的晚上 9 点和 6 月的晚上 7 点左右是最大的。

老人星是天空中第二亮的恒星，位于船底座。如果从澳大利亚观察，在 2 月份的晚上 9 点左右，老人星是天空中高度角最大的恒星。水委一在波江座的南端，是波江座所处天区中唯一的亮星。波江座像一条蜿蜒的河流，由于其中恒星的分布较为弥散、亮度较低，因此波江座不易辨认。在 11 月下旬的晚上 9 点左右，波江座的高度角最大。南十字座、半人马座 α、老人星和水委一都是南半球星空的重要路标。一旦辨认出这些标志性的恒星和星座，再找出其他的星座或恒星就变成了一道看图填空题了。

2

STARS OF MANY KINDS

各种各样的恒星

2 各种各样的恒星

恒星和太阳类似，都是由气体组成的发光球体，能量来自其核心深处的热核反应。它们当中，有些直径比太阳大，有些直径比太阳小；有些温度比太阳高，有些温度比太阳低；有些亮度比太阳高得多，有些亮度则比太阳低得多。不过这些恒星都有一个共同点，就是离我们非常遥远。除了极少数的情形以外，目前的望远镜都没有办法观测到它们表面的细节，所以它们看起来都像小小的圆盘。尽管双筒望远镜和天文望远镜可以让恒星看起来更亮，能使我们看到更多的、用肉眼看不到的暗淡恒星，但这些恒星看起来也还只是一个个发光的小点。我们目前所知的关于恒星的一切信息都来自对恒星亮度、位置、颜色的细致观测，同时也包括对它们发出的可见光和其他波段辐射细节的观测，以及对其他可观测量变化的分析。

P28 图：参宿三（右上方）和参宿二分别是猎户座腰带最西边的恒星和中间的恒星。它们的亮度都比太阳高约 10 000 倍。

距离和光度

在公元前 2 世纪，希腊天文学家依巴谷（Hipparchus）将恒星按照亮度分为 6 个等级（称之为星等），最亮的恒星为一等星，肉眼可见的最暗的恒星为六等星。大约 2 000 年后，在 1856 年，英国天文学家波格森（N. R. Pogson）对依巴谷星等的概念在数学上做了明确的定义。按照这个定义，星等差 5 等相当于亮度差 99 倍，即一等星的亮度为六等星的 100 倍。

那些肉眼不可见的恒星则具有更高的星等。例如：亮度是肉眼可见极限亮度 1/100 的恒星为十一等星（比六等星低 5 个星等）。而那些比一等星更亮的恒星，它们则具有分数、零甚至负数星等。例如：织女星的视星等为 0.03，天狼星的视星等则为 -1.46，而金星（行星）亮度达到最大时它的视星等可达 -4.4。

天文学家用视差原理来测量恒星的距离，下面的实验很好地展示这个原理。将手臂伸直，闭上左眼，用一根手指指向一个远处的物体，比如一棵树。此时保持手指不动，在睁开左眼的同时闭上右眼，你将会发现你的手指指向相对原来那个远处物体的方向发生了偏离。

左图：**一幅虚构的版画，描绘了希腊天文学家依巴谷在公元前 2 世纪的亚历山大城观测时的景象。望远镜直到 17 世纪才发明。**

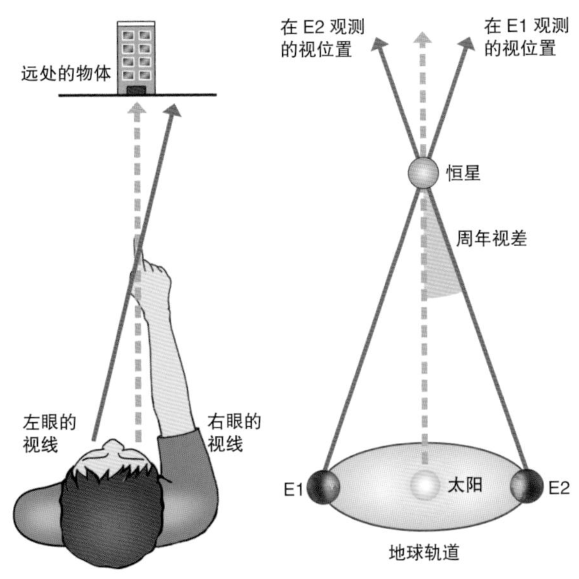

上图・左：**视差测距原理图。**

上图・右：**分别从地球公转轨道的两端测量目标恒星方位相对于背景恒星的偏移（即视差），利用这个偏移就可以计算出恒星与地球的距离。**

左图：**御夫座。其中最亮的星是黄色恒星五车二，距离地球约 43 光年。**

这种现象是由于你的两只眼睛并不完全在同一个位置造成的，它们之间有几厘米的距离。因此，当你用两只眼睛分别观察同一个前景物体（比如手指）的时候，两只眼睛的视线方向会稍微有一点差别。这种位置差别我们称之为视差。为了测量近邻恒星的距离，天文学家们首先在地球位于太阳一侧时（比如 1 月份）先测量一次恒星的方位，当地球运动到相对太阳的另一侧时（7 月份）再次测量恒星的方位。由于两次测量时，地球位于相距较远的两点，因此测量的恒星方位将会有细微的差别。一年之中，恒星方位偏离其平均方位的最大值称为周年视差。一旦测得恒星的视差，由于地球绕太阳公转的轨道直径也是已知的（3 亿千米），因此只要用简单的三角法就可以计算出恒星的距离了。

由于恒星离我们十分遥远，所以恒星的视差其实是非常微小的。通常我们用度来表示角度，1 度分成 60 角分，而 1 角分又可以分为 60 角秒。所以，1 角秒就等于 1/60 个 1/60（1/3 600）度。周年视差为一个角秒的恒星距离定义为一个秒差距,1 秒差距等于 3.26 光年。恒星距离我们越远，周年视差就越小。例如：距离我们两秒差距的恒星，其周年视差为 0.5

☆ 手枪星的名称源自环绕在其周边的手枪状发光气体云。气体云的质量大约是太阳的 100 倍，而亮度则超过太阳 1 000 万倍。

右图：**手枪星是银河系中最亮的恒星之一。位于靠近银河系中心的位置，距离地球 25 000 光年。**

角秒；而距离我们 10 秒差距的恒星其周年视差就只有 0.1 角秒了，以此类推。距离我们最近的恒星（半人马座比邻星）的视差为 0.772 角秒，相当于 1.3 秒差距（4.2 光年）。

我们无法仅从某颗恒星的视亮度来判断它到底是一颗距离我们很近但实际亮度很低的恒星，还是一颗距离我们很远但实际亮度很高的恒星。不过，如果我们知道恒星发出的光有多少能够到达地球（通过测量视星等），同时又知道恒星与我们之间的距离（通过三角视差法测量），我们就能够测量恒星的绝对光度[6]。已知最亮恒星的光度比太阳高几十万倍，而最暗恒星的光度仅有太阳的几十万分之一。

颜色和光谱

可见光是一种电磁波——电场和磁场的振荡，在真空中的传播速度是每秒钟 30 万千米。电磁波的行为在很多方面和水波很相似，相邻波峰之间的距离就是“波长”。不同波长的光进入我们的眼睛后会让我们感知到不同的颜色：红色、橙色、黄色、绿色、蓝色、靛青色、紫色，它们的波长由长变短。红光的波长大约为 700 纳米（纳米的符号为 nm，等于十亿分之一米），而蓝光的波长大约为 400 纳米。

高温物体呈现出的颜色与它的温度有关。将一块铁放在熔炉中加热，一开始它会发出暗

左图：**银河系中心的人马座恒星云（SGR–1）。温度最高的恒星为蓝色，而温度最低的恒星为红色。**

右页图・上：**牛郎星的光谱。牛郎星的温度比太阳要高，在其光谱中的蓝色区域中可以看到一条较暗的氢线。**

右页图・下：**太阳光谱，像是由一系列分布于不同波长（从上到下波长由长变短）的条带组成。**

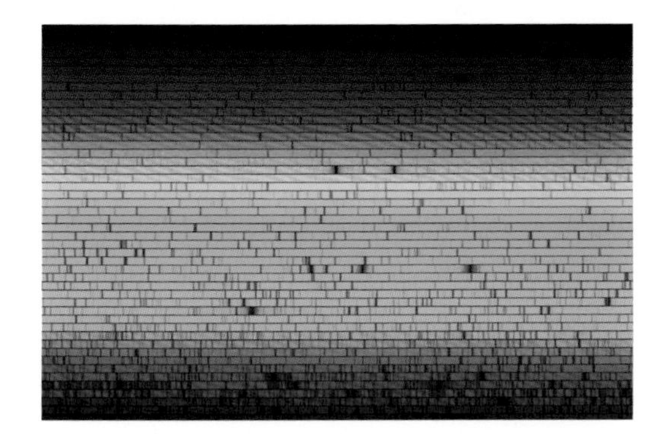

红色的光，随着温度持续升高，它的颜色会按照橙色、黄色、白色的顺序变化。恒星的颜色变化与此相似。红色恒星的温度相对较低，黄色的温度较高，而白色的恒星温度更高，温度最高的恒星为蓝色。

白光其实是由各种波长的光混合而成，当白光穿过玻璃棱镜后，由于不同波长的光线会产生不同程度的偏折（即折射，红光的偏折角度最小，蓝光和紫光的偏折角度最大），因此白光将变为连续的彩虹光带，叫作连续谱。炽热的致密气体会产生连续谱，如果连续谱穿过稀薄的气体，气体中的原子将吸收特定波长的辐射，这个过程会使连续谱中出现暗线（吸收线）。

不可见的世界

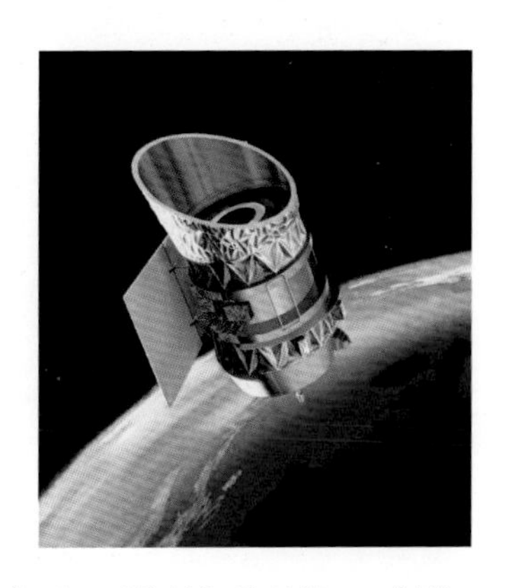

电磁波波长的分布范围非常广，人眼只能看见其中非常小的一部分。电磁波谱是按照不同的波段来划分的，按波长由短至长依次为：伽马射线、X 射线、紫外线、可见光、红外线、微波和射电。虽然太阳是可见光波段最亮的恒星，但事实上太阳发出的电磁波（亦称为辐射）包含了从 X 射线到射电的所有波段。一些温度特别高的恒星发出的辐射主要集中在紫外波段，而温度特别低的恒星发出的辐射则主要集中在红外波段。不过，只有可见光、少量的红外波段辐射和一部分包含多个波长范围的微波与射电波段的辐射能够穿透地球的大气层到达地面，射向地球的绝大部分波长的辐射都被大气层吸收或反射回太空了。天体的伽马射线、X 射线、绝大部分紫外线和红外线辐射都需要通过搭载在卫星上的仪器或太空望远镜来研究，例如红外天文卫星 IRAS（右图）。

☆ 巴纳德星（Barnard）将在公元11800年到达距离太阳系最近的位置（最接近态），那时它与我们的距离为3.85光年。

上图：**猎户座，从图中多次曝光产生的星象拖尾，可以看出恒星局部的颜色变化。**

当恒星的辐射穿过其温度相对较低的外层时会产生吸收线[7]，因此正常恒星的光谱由一个连续谱和很多吸收线组成。由于每种化学元素都会产生一系列特定的谱线，因此通过研究恒星光谱中的谱线，天文学家们就可以知道恒星的化学成分。

光谱中的谱线不仅与恒星的化学成分有关，还与恒星的温度有关。根据光谱特征，可以对恒星进行分类。按照温度的降序，恒星光谱型分别用字母O、B、A、F、G、K和M表示。每种光谱型又分为10个亚型，由数字0～9表示。例如，太阳的光谱型为G2。O型星的表面温度为30 000摄氏度或更高，G型星的表面温度大约为6 000摄氏度，而M型星则只有3 000摄氏度左右，它们的颜色分别为蓝色、黄色和红色。

当一个光源背向我们运动，它所发出光线的波长会变长，反之，如果它朝向我们运动，它发出的光线的波长则会变短，这种现象叫作多普勒效应。多普勒效应同样也会改变恒星谱线的波长。如果恒星正离我们远去，那么它的谱线会向光谱中波长较长（红色）的一端移动（即红移）；反之，如果恒星正向我们靠近，那么谱线会相应地向光谱中波长较短（蓝色）的一端移动（即蓝移）。通过比较恒星谱线的波长与相应谱线在光源静止状态下的波长，天文学家就能测量出恒星相对我们的运动速度了。

巨星、矮星和赫罗图

我们可以将恒星的温度和光度信息画在赫罗（H-R）图上。赫罗图在 20 世纪初分别由丹麦天文学家埃纳尔·赫茨普龙（Ejnar Hertzsprung）和美国天文学家亨利·诺里斯·罗素（Herny Norris Russell）独立提出，是研究恒星的重要工具。赫罗图上的纵坐标轴表示光度，横坐标轴表示温度（或光谱型）。纵坐标轴取太阳光度为 1，从下往上光度越来越高。横坐标轴从左到右分别是 O、B、A、F、G、K 和 M 型光谱，因此从左至右温度越来越低。赫罗图中的每一个点代表一颗恒星，横坐标和纵坐标为相应恒星的光度和温度。

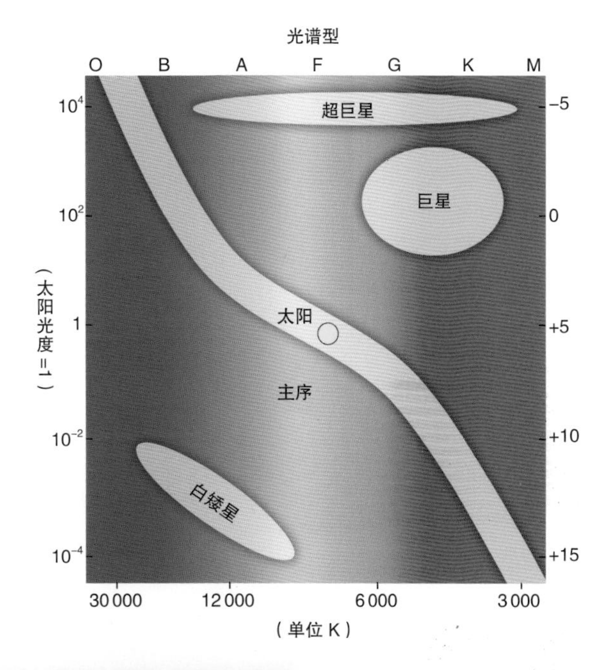

上图：赫罗图反映了恒星的颜色、温度和光度之间的关系。绝大部分恒星位于图中的主序区域。

左图：天蝎座中的红超巨星心宿二（左），图中的模糊团块是环绕在其周围的稀薄星云状物质。

比如：在赫罗图中，太阳可以用位于光度为1、温度为6 000摄氏度（或光谱型为G2）位置的一个点来表示。

将大量恒星按照其光度和温度数据画在赫罗图上后，可以发现大部分恒星都分布在一个从左上方（高温、高光度）延伸到右下方（低温、低光度）的带状区域上，称为主序。太阳就是一颗主序星。

巨星和矮星

部分恒星位于主序的右上方，其光度要比同样温度的主序星高很多。对于温度相同的两颗恒星，其表面单位面积的光度是一样的，如果其中一颗的光度比另一颗更高，那么它的表面积就应该更大（为了辐射出更多的光），也就是说光度更高的这颗恒星直径更大。位于主序右上方的大部分恒星都是红巨星（称它们“红”是因为它们的温度低，称它们“巨”是因为它们的直径比普通恒星大得多）。典型红

右图：**位于星云中心的亮超巨星。所见的星云状图像来自尘埃粒子对星光的反射，尘埃粒子由恒星表面流失的物质经冷却凝聚形成。图中从恒星表面延伸出的十字形结构是由于望远镜内部结构原因产生的假象，其实并不存在。**

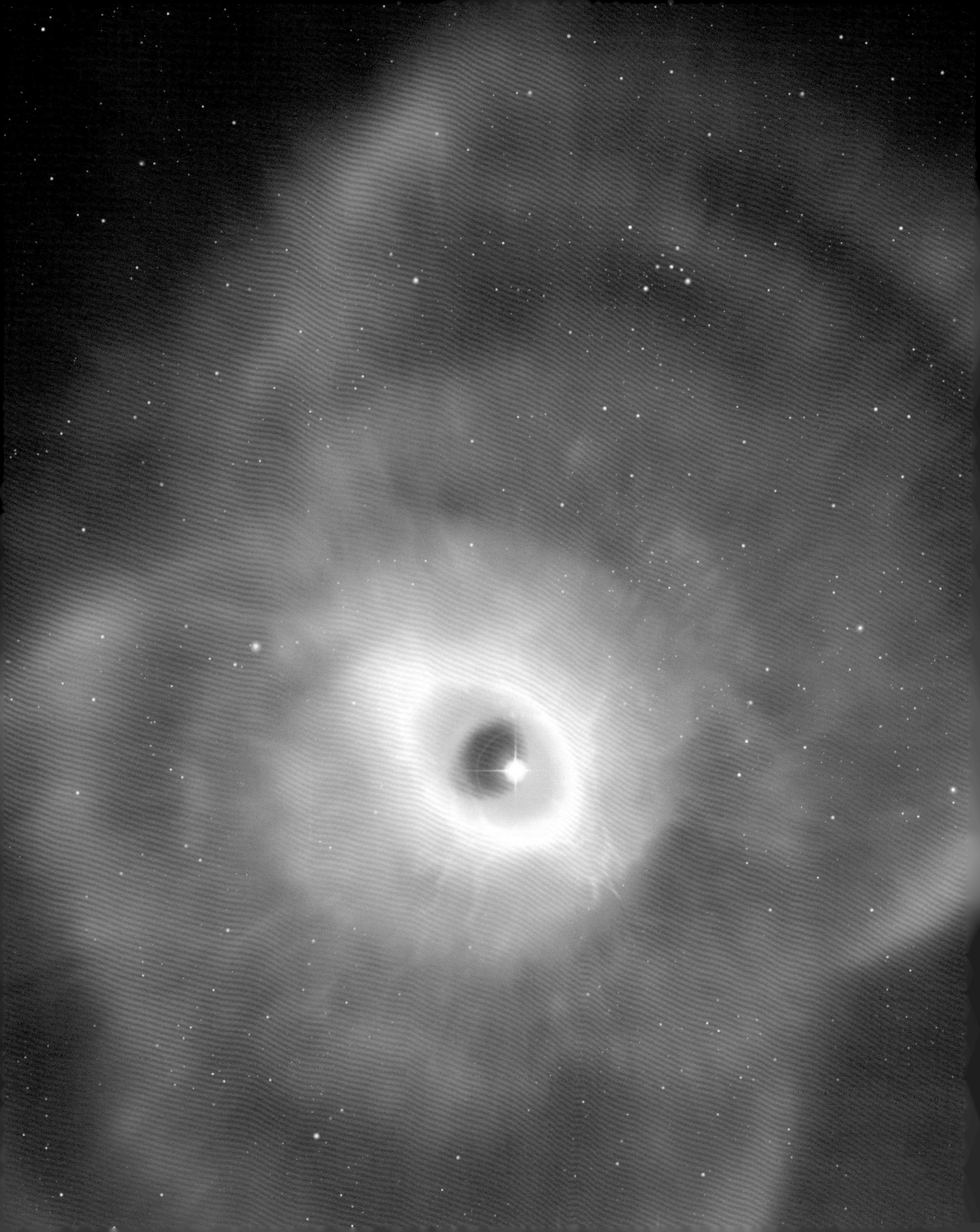

巨星的温度约为 3 300 摄氏度，光度为太阳的 100 ~ 1 000 倍，直径为太阳的 20 ~ 100 倍。

超巨星位于赫罗图的顶部，它们的光度更高，通常是太阳的 10 000 ~ 100 000 倍。红超巨星是最大的恒星。猎户座中的参宿四就是一颗红超巨星，如果将它放在太阳系的中心，它的半径将超过水星、金星、地球和火星的轨道。

其余恒星位于远低于主序的左下方区域。由于它们的表面温度很高而光度却很低，因此它们的个头比主序星要小很多。这些恒星被称为白矮星(称它们“白”是因为它们表面温度高，称它们“矮”是因为它们个头小)。一个典型白矮星的半径是太阳半径的五十分之一到一百分之一，与地球的大小相当。

典型白矮星的质量和太阳相近，但体积只有太阳的十万分之一到百万分之一，因此白矮星的平均密度非常大，即使将只有一颗糖那么大的白矮星物质带回地球，也有大约一吨重。与此形成鲜明对比的是，一颗红巨星内部的物质非常稀薄，平均密度不足地球海平面处大气密度的百分之一。

左页图：**这个星云由位于中心位置的高温恒星所驱散的气体形成，这颗高温恒星正演化为一颗白矮星。**

上图 · 左：**这幅图展现了红超巨星参宿四的巨型大气层和巨大的热斑。**

上图 · 右：**球状星团 M4 的中心区域，其中有一些白矮星 (用圆圈标出)。**

观察双星

尽管绝大部分恒星看起来都是孤零零的光点，但如果用双筒望远镜或者天文望远镜仔细观察，就会发现其中有一些是由两颗甚至两颗以上的恒星组成的双星或聚星系统。所谓视双星只是看起来距离很近的两颗恒星，但实际上它们之间距离很远，与我们之间的距离也有较大差别。与此相对的，物理双星（简称为“双星”）则由两颗互相绕转的恒星组成，它们之间有引力相互作用。尽管视双星相对较为罕见，双星或聚星系统的数目却占了所有恒星的半数以上。

双星系统的轨道周期（两颗恒星相互绕转一圈的时间）由它们的质量和平均距离决定。如果测得双星的轨道周期和恒星之间的平均距离，我们就可以计算出两颗恒星的总质量。两颗恒星的相互绕转运动其实是围绕系统质心的运动，质心位于两颗恒星位置的连线上。如果两颗恒星的质量相同，质心就位于它们位置连线的中点；如果某颗恒星的质量较大，那么质心就会更靠近这颗大质量恒星。一旦确定了质心的位置，并且也知道了两颗恒星的总质量，就可以计算出每颗恒星的质量。观测双星是测量恒星质量的唯一直接手段。

双星中的两颗恒星如果相距较远，即能够

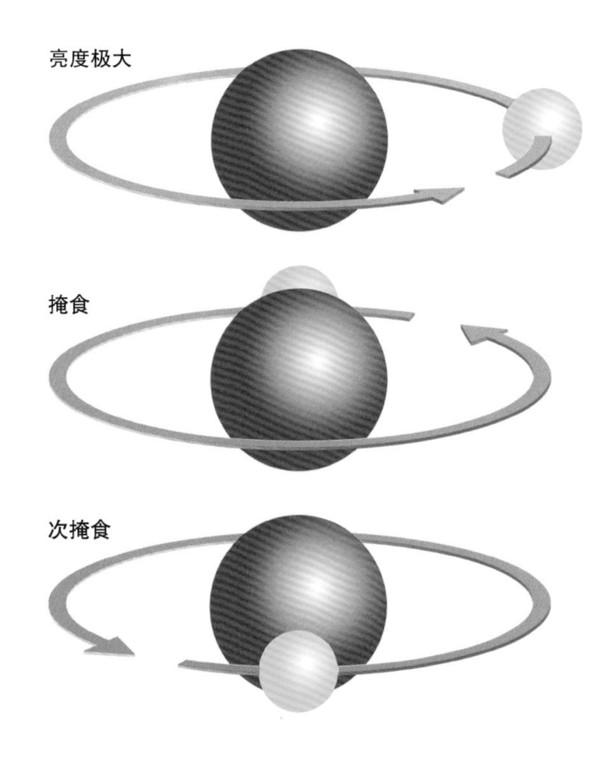

上图：食双星。因为两颗恒星周期性地相互遮挡，造成了双星光度的周期性变化。

下图·左：半人马座 α（左上）是一个双星系统。
下图·右：北斗七星中的开阳（较亮）和开阳增一是一个肉眼可见的双星系统。

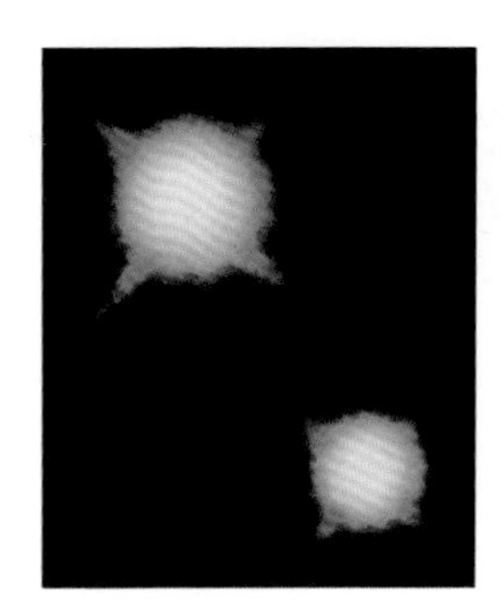

通过望远镜或肉眼将两颗恒星辨认出来（看起来是两个单独的光点），这样的双星系统被称为目视双星。但是大多数的双星系统或由于两颗星靠得太近，或由于其中一颗较之另一颗太暗，都无法直接通过望远镜和肉眼来辨认。虽然这些双星系统不能用肉眼和望远镜分辨——不是目视双星，但它们有可能通过天体测量法、分光法或掩星法来观测到，相应地称其为天体测量双星、分光双星或食双星。

不同种类的双星

天体测量双星中的不可见伴星是通过观测其对可见恒星的引力作用发现的。由于双星中的成员星会绕着其质心旋转，因此此类双星是通过观测可见恒星相对背景恒星的晃动而发现的。分光双星的光谱看起来像单星，但其实是由两颗成员星（A 和 B）的光谱组成的。由于 A 和 B 互相绕转，因此两颗星将交替地朝向和背向地球运动。根据多普勒效应（见 36 页），当恒星朝向我们运动时，光谱中的谱线将往蓝端移动，而当其背向我们运动时，谱线将往红端移动。因此，当我们观测两颗恒星的合成光谱时，会发现有两组做周期性往复运动的（振荡）谱线。

如果双星的轨道是侧向轨道（在我们看来轨道为一条直线），从地球看来，两颗成员星将会互相遮挡，这样我们就会看到一系列的掩食现象。当一颗星运行到另一颗星前方的时候（掩食），我们会发现双星亮度降低，当掩食过后亮度将恢复到正常值。通过这种手段观测发现的双星系统就叫作食双星。最著名的食双星是英仙座的大陵五。大陵五的主食每隔 2.9 天出现一次，肉眼就能分辨。

变星

星如其名，变星就是亮度会发生变化的恒星。变星的种类有很多，脉动变星是最常见的一种。脉动变星亮度变化的原因是它们会周期性地膨胀和收缩。其中，最著名的就是造父变

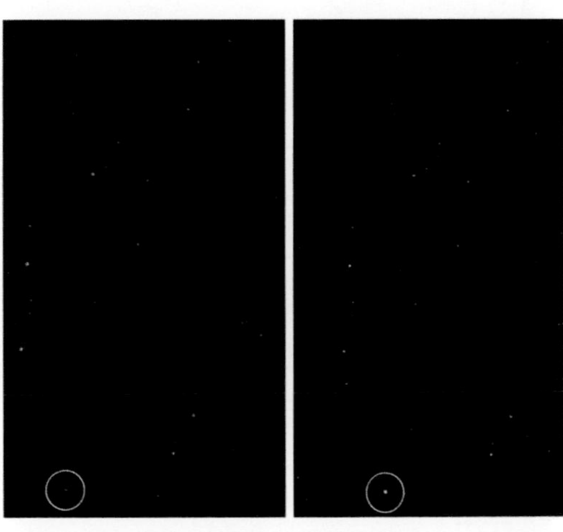

上图：**鲸鱼座中的长周期脉动变星刍藁增二。右图中的刍藁增二（图中圈出位置）明显比左图中的更亮，其光变周期为 332 天。**

星，因仙王座中的著名造父变星——仙王座 δ（也称为造父一）而得名。造父变星是黄色的巨星或超巨星，它们的光变周期从 1 天到 80 天不等，周期内的亮度变化大约为一个星等。

其他类型的变星还有长周期的刍藁变星和半规则变星。前者是一类低温红巨星，在其 80 ~ 1 000 天的光变周期中亮度变化可达 10 000 倍左右。刍藁增二是典型的刍藁变星，由阿拉伯天文学家观测到它的光变行为而命名（指英文命名 Mira，在阿拉伯语中是精彩、奇妙的意思）。它在亮度最大的时候可以达到 1.7 星等，肉眼很容易看到，但在整个 330 天的光变周期内，大部分时候它都很暗，用肉眼看不到。半规则变星的光变周期不稳定，同时亮度变化也较小。参宿四就是半规则变星。

其他变星还包括耀星、新星和超新星。耀星是低温红色恒星，位于主序带下方的末端。耀星有频繁的爆发，爆发时间间隔通常只有几分钟，在一次爆发中它们的亮度会增加几个星等，爆发过后又恢复原来的亮度。这种短暂的增亮来源于其表面的剧烈爆发，这种剧烈的爆发又称为耀发。

新星的亮度变化则更剧烈。其亮度极大值可达原先亮度的 1 000 ~ 1 000 000 倍。它的亮度增大到极大值只需要数个小时，然后，需要数月甚至数年的时间才逐渐变暗，恢复到原

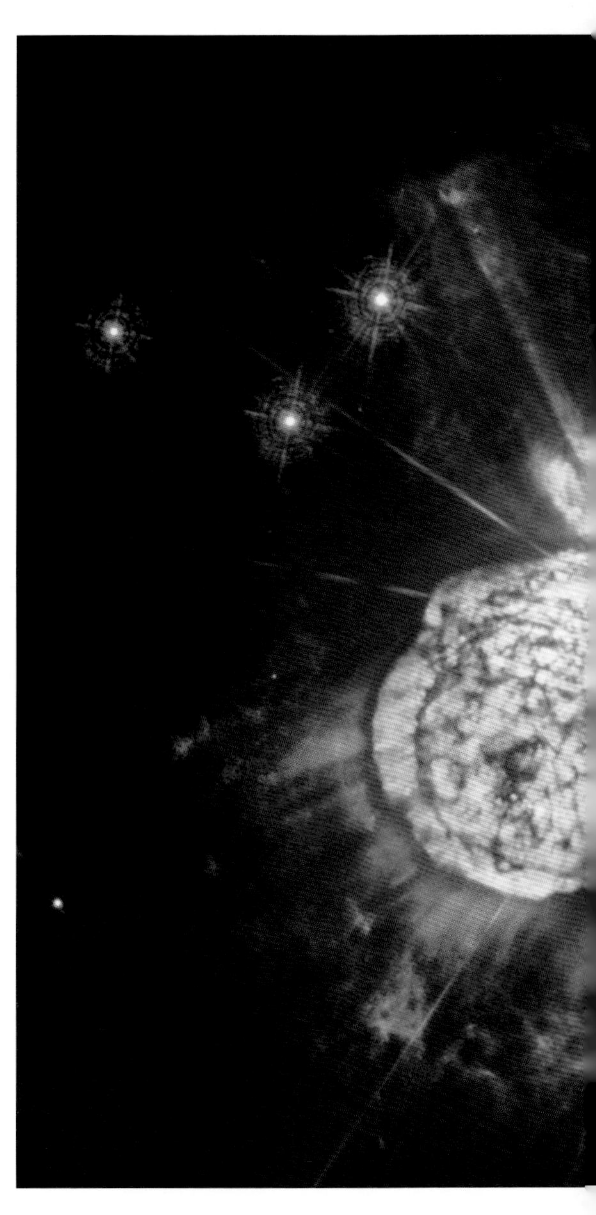

上图：**船底座 η 是一颗超大质量恒星，图中气体和尘埃云由其抛射物形成，船底座 η 最终很可能变为一颗超新星。**

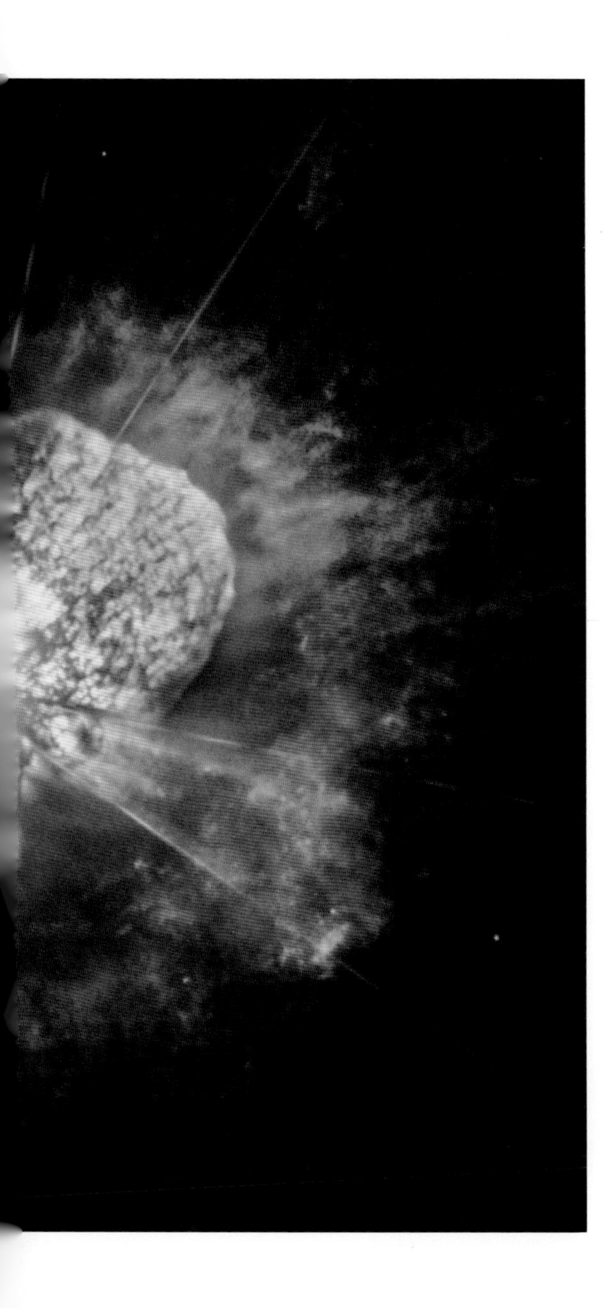

先的亮度。“新星”这个名称容易让人误以为它是新诞生的恒星。在望远镜还没有发明的时候，新星在亮度剧增之前由于太暗，肉眼无法分辨，因此新星在当时看起来就像是突然出现然后又消失的新恒星。相较于新星，超新星就更夸张了，它才是真正的恒星级的灾变现象，由恒星的大爆发形成。超新星亮度最大的时候，相当于整个星系那么亮，并持续数天。在第 4 章中，我们将介绍天文学家对这种剧烈恒星级爆炸现象的科学认识。

标准烛光

造父变星在天文学的研究中有着举足轻重的地位。1912 年，美国天文学家亨利埃塔 · 勒维特（Henrietta Leavitt）发现了造父变星的光度越大其光变周期就越长（即造父变星的周期—光度关系，简称“周光关系”)。周光关系使得造父变星可以作为“标准烛光”（即已知光度的恒星）来测量星系与我们之间的距离。我们可以探测到距离我们 5 000 万到 1 亿光年星系中的造父变星，一旦确定了它们的光变周期，通过周光关系就可以知道它们的真实光度。通过比较视亮度和具有相应光变周期造父变星的实际光度，天文学家就能计算出造父变星需要与距离我们多远才能使其具有观测到的视亮度，而这个距离也就是造父变星所在星系的距离。

太阳特写

和其他恒星不一样，太阳是在我们家门口的恒星，它是一个巨型的发光气体球。太阳的直径是地球的109倍，质量是地球的330 000倍，主要成分为氢和氦——宇宙中最轻和第二轻的化学元素。太阳的光度——即每秒钟向太空辐射的总能量——大约是 3.86×10^{26} 瓦特。

几乎所有的太阳光都从其表面一层叫作“光球”的结构发出，光球的温度约6 000摄氏度。在光球层以下温度迅速上升，核心区的温度可达15 000 000摄氏度。太阳核心处，

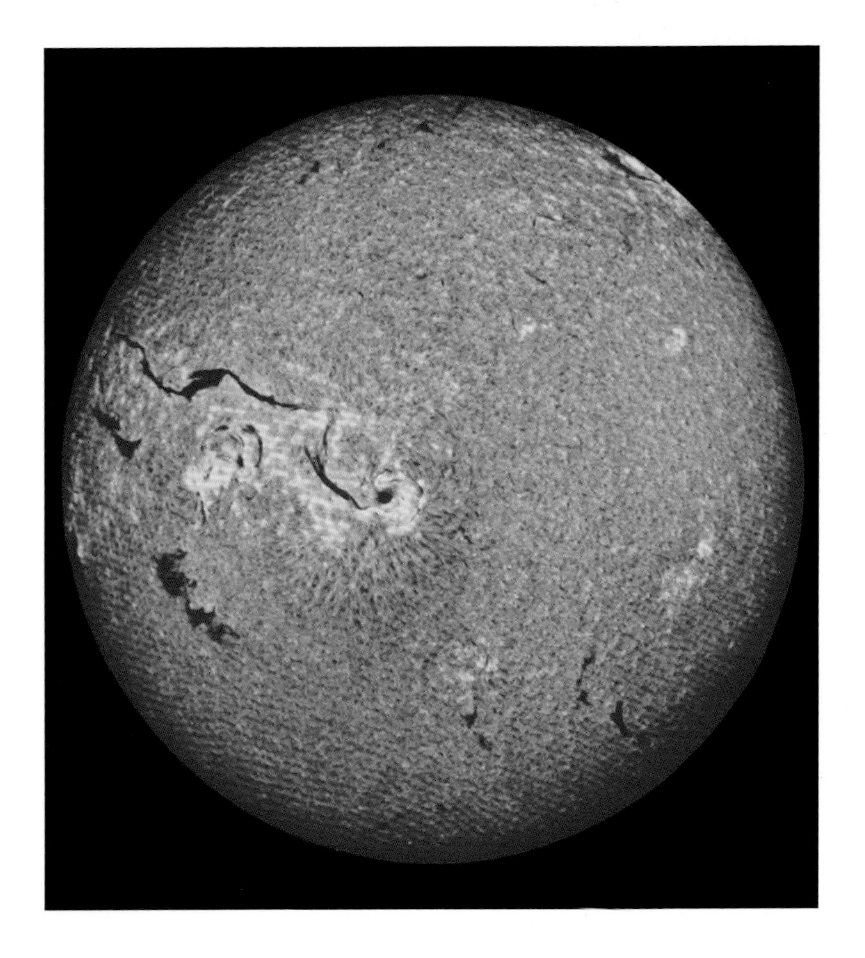

左图：太阳表面氢原子的红色辐射。图中有太阳黑子（暗点）、活动区（黄色区域）和暗条（红色丝状结构）——太阳大气层中的气体云。

右页图：日冕结构图，其中包含太阳表面的活动区（较亮区域）、冕洞（较暗区域）和太阳风。

氢原子核间发生剧烈的碰撞，两个氢原子核将融合形成一个氦核——宇宙中第二轻的元素。

生成的氦核质量比原来两个氢核的总质量要少 0.7%。按照阿尔伯特·爱因斯坦（Albert Einstein）的狭义相对论，一定质量的物质转化为能量时，其释放的能量（E）等于质量（m）乘以光速（c）的平方，这个著名的方程常写为 $E=mc^2$。因此，太阳每秒钟需要消耗超过 400 万吨的物质才能维持其目前的能量输出水平。

光球层之上有一个称为色球的薄层，色球之上就是日冕层（是太阳大气的最外层），日冕一直延伸到几百万千米以外。日冕的温度在 100 万 ~ 500 万摄氏度之间。虽然日冕的温度

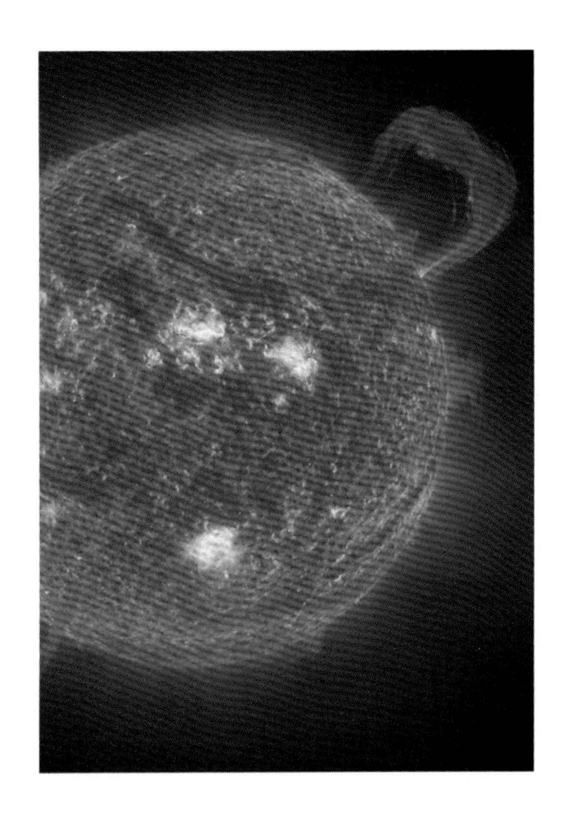

☆ 1645 ~ 1715 年被称为蒙德极小期，这段时期几乎看不到太阳黑子。在蒙德极小期的中期，欧洲的冬季变得奇寒无比，而且这种状态持续了很长的时间。

非常高，但它的密度比光球层要低得多，所以日冕的热量其实很少。带电的亚原子粒子（主要是质子和电子）从日冕逃逸到行星际空间，以每秒几百千米（大于 100 万千米每小时）的速度飞过地球和太阳系的其他行星。这个粒子流被称为太阳风。

太阳活动

太阳的表面和大气存在各种各样的活动，其中太阳黑子是最显著的活动特征。太阳黑子是太阳光球层中的斑块，看起来较暗是因为其温度比周围区域更低。很多太阳黑子的体积比地球都要大得多，当强磁场从太阳内部浮现到表面时就会出现太阳黑子。太阳黑子数量的变化周期为 11 年。

其他类型的太阳活动包括日珥、耀斑和日冕物质抛射（CMEs）。日珥是太阳表面由炽热气体组成的巨型羽状结构，高度可达几十万千米，就像太阳大气上悬浮的云团，可持续数周甚至数月。耀斑的形成源于太阳大气中储存的磁场能量的爆发性释放，其大部分能量以 X 射线和高速亚原子粒子流的形式辐射出去。一个大耀斑所释放的能量相当于几十亿颗核弹。日冕物质抛射则是巨型气泡将日冕中的物质抛向太空的过程。

耀斑、日冕物质抛射和太阳风扰动都会对

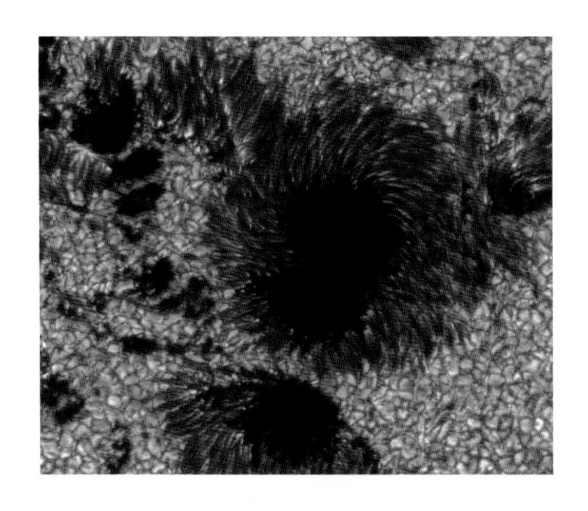

地球的高层大气和磁场产生影响，并干扰无线电通信，造成断电，并可能破坏在轨卫星上的电子元件。

发生太阳大爆发之后，带电粒子流将进入地球高层大气，并激发其中原子和分子发光，这就是所谓的北极光和南极光——它们是在地球北极和南极上空出现的绚丽多彩的发光现象。

左页图：来自 SOHO（太阳和日球层探测器）的巨型日珥图像。日珥是从太阳大气（日冕）涌出的羽状结构。

上图：图中黑子群中的每个主黑子都由一个黑色的核心（本影）和围绕在其周围的颜色稍浅的黑色区域（半影）组成。

右图：56 万千米高度的喷发日珥的紫外成像。图中的伪彩色用于表示不同的亮度。

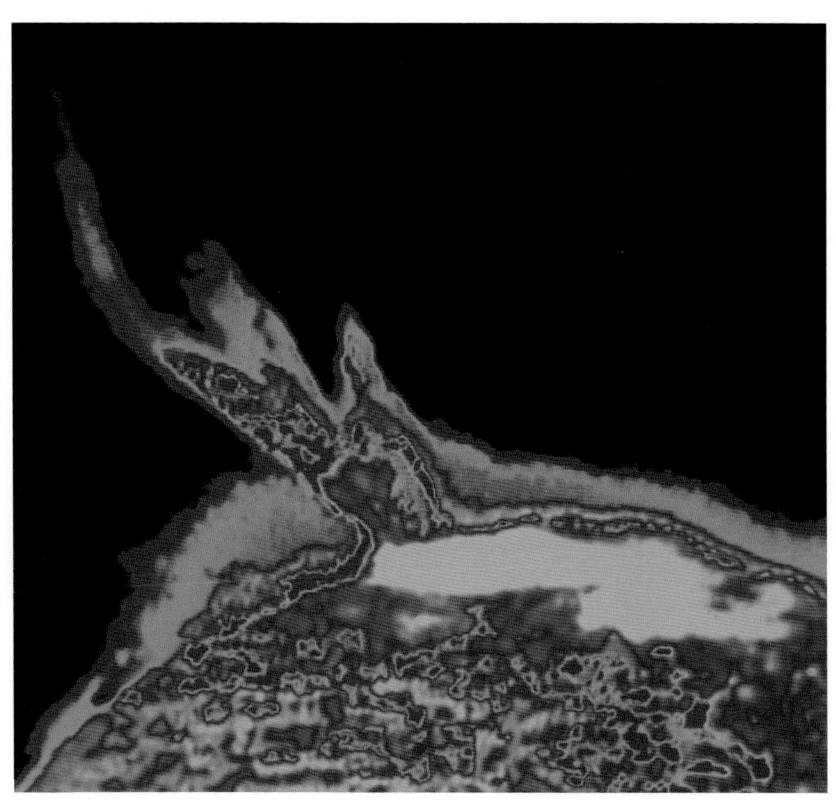

3

LIFE CYCLES OF STARS

恒星的一生

3 恒星的一生

恒星并非恒常不灭。它们从气体和尘埃云中诞生，发展成熟，逐渐衰老并最终“死亡”。在恒星的一生中，能量都来自其内部深处的核反应，最后因核反应燃料耗尽而结束生命。在它们生命的尽头，大部分恒星会直接熄灭，但是有些恒星会以自我毁灭的方式终结——将自己炸为碎片。由于恒星的演化时间可达几百万到几十亿年，因此在我们有限的生命中无法观察到一颗恒星演化的各个阶段。然而，当我们观测过大量的恒星后，我们发现它们中有些很年轻，有些已经成年，而有些则已经年老。通过对大量处于不同演化阶段恒星的研究，天文学家可以获知恒星一生的各个演化阶段。通过这种方法，他们大体上能够拼出恒星生命历程的拼图。

P50 图：猎户座星云是发光的气体云团，光源来自其中的年轻恒星。猎户座星云距离我们 1 500 光年，位于离太阳最近的恒星形成区中。

原材料

星际空间（恒星之间的空间）弥漫着稀薄的气体和尘埃云，它们是形成恒星所需的原材料。其中会发出可见光的被称为发射星云（英语中“星云”nebula 一词源自拉丁文的“雾”mist），这些星云的主要成分为氢。其发光是因为其中包含有一颗或多颗光谱型为 O 或 B0（见第 36 页）的高亮度恒星。由于这些恒星的温度非常高，因此会辐射大量的紫外线，这些紫外线会使得星云中的部分氢原子电离（将电子撞出来）。当这些逃出氢原子的自由电子再次被原子核俘获时，将会释放能量，这些能量会以可见光的形式辐射出去。而且，围绕原子核旋转的电子跌入离原子核更近的低能轨道时，也会辐射出特定波长的光。因而，发射星云的光谱包含有很多特定波长的高亮谱线。

最著名的发射星云就是猎户座大星云。猎

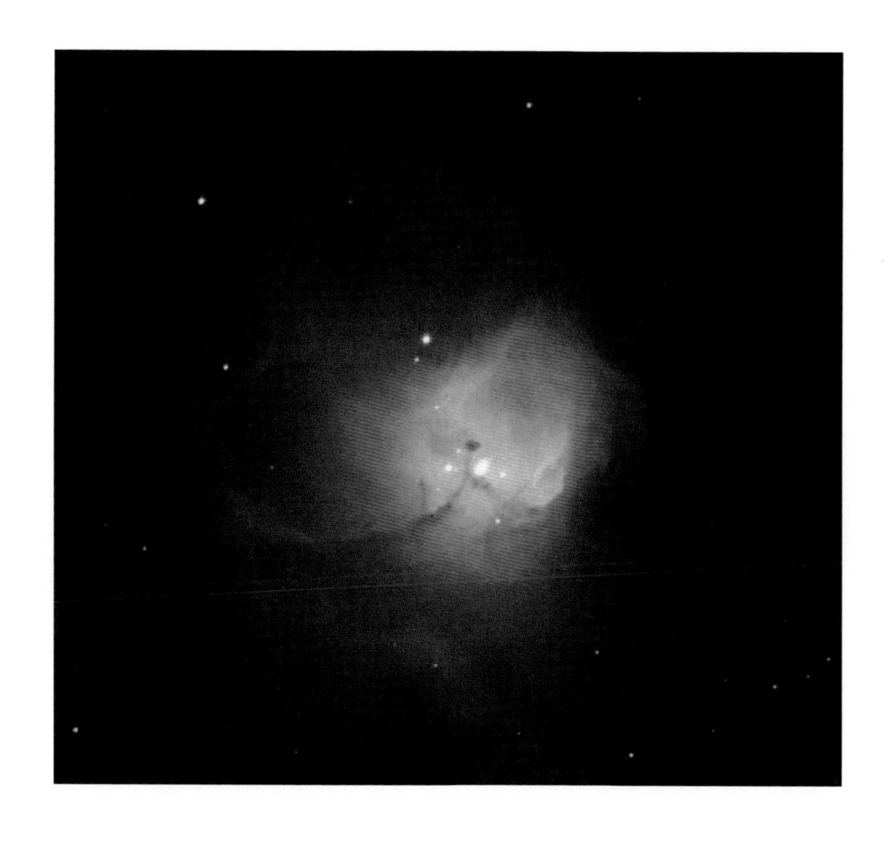

左图：**图中是小麦哲伦云星系中的发光气体云和诞生于其中的高温年轻恒星。每颗恒星的亮度大约是太阳的 30 万倍。小麦哲伦云距离地球 19 万光年。**

户座大星云也被称为 M42，是法国天文学家查尔斯 · 梅西耶（Charles Messier）于 1781 年发表的一个“模糊天体”列表库[8]中的 42 号天体，位于“猎户腰刀”的位置，“猎户腰刀”由位于“猎户腰带”（以南）下方的一组暗星组成。如果观测条件良好，用肉眼就能瞥见 M42。借助一台小型望远镜就能分辨出其中由 4 颗高温年轻恒星组成的致密星群，被称为猎户四边形星团，正是它们使 M42 发光的。猎户星云距离我们 1 500 光年，直径为 20 光年，是距离我们最近的发射星云。

冷却后的气体与尘粒

不含明亮热恒星的气体云不会发光。但是，当背景恒星的光穿过星际云时，星际云中的原子将吸收特定波长的光，这就会在恒星的光谱中产生暗吸收线。这种暗线也称为星际谱线，星际谱线首次在分光双星猎户座 δ（参宿三）的光谱中被发现。当时，天文学家在研究分光双星参宿三的光谱时发现，除了有两组波长周期性变化的往复振荡谱线外，还有一些波长固定不变的谱线。他们意识到，这些谱线肯定是双星的光穿过气体云所产生的。

星际尘埃在观测上的表现形式有多种。恒星发出的光在到达地球之前，如果被一个云团遮挡，而这个云团中所含的尘埃粒子又多到可

以吸收其背后恒星发出的绝大部分或者是全部的光线时，这个云团就称为暗星云或吸光星云。典型的例子就是猎户座中的马头星云和煤袋星云。煤袋星云是位于南十字座旁的一个近圆形暗云，用肉眼就能看到。

这些尘埃粒子非常微小，直径仅有100～1000纳米。由于它们的大小与可见光的波长相当，因此对星光的散射（反射）和吸收作用非常明显（对波长更长的红外线和射电波段的影响则要小得多）。星际尘埃的这个特

☆ 猎户星云中的气体非常稀薄。一个直径1米、长度贯穿整个猎户星云（近20光年）的圆柱体中所包含的物质质量还不到1千克。

P54–55页：**红色发射星云前的轮廓就是马头星云，马头星云是猎户腰带南部气体云的一部分。**

左图：**环绕在这个恒星群周围的蓝色星云状物质位于猎户座腰带北部，由尘埃对星光的散射（反射）形成。**

性也导致了遥远的恒星看起来比实际更暗。又由于短波长（蓝）光所受影响比长波长（红）光更大，所以尘埃也导致遥远的恒星看起来比实际更红（或没那么蓝）。此外，如果一颗或多颗亮星位于尘埃云的前方或紧邻尘埃云，部分星光将被尘埃颗粒散射后再射向地球，这会使这些恒星看起来被蓝色的模糊团块包围，这种团块称为反射星云。

冷云由发射波长为 21.1 厘米射电辐射的氢原子（中性氢）构成。分子（由结合在一起的两个或多个原子构成）同样可以发射和吸收辐射，但主要在红外和微波波段。过去的几十年中，天文学家发现了大约 100 种星际分子。其中绝大多数都是有机分子，由碳元素与其他元素（主要为氢、氮、氧）构成。这些分子中包括多种物质，比如氢分子（H_2）、甲醛、乙醇和至少一种氨基酸分子。绝大部分生命赖以存在的基石都分布于广袤无垠的星际空间中。

含有大量分子的氢云或氦云也叫作分子云。通常直径可达 100 光年，质量可达太阳的 10 万倍。巨分子云则更大，直径可达 300 光年，质量则从 10 万个太阳质量到几百万个太阳质量不等。由于分子中连接各原子之间的纽带（即化学键）十分脆弱，很容易被恒星的辐射（尤其是高能的紫外辐射）破坏，所以大质量的含尘分子云是复杂分子的最佳形成和栖息环境。这是由于其密度相对较高（更利于分子形成）、温度较低（比绝对零度高几度或几十度），且尘埃粒子像盾牌一样保护其中的分子免受恒星辐射的破坏。

氢的表现形式

氢原子云所发出的是波长为 21.1 厘米的射电辐射，这个波长的射电辐射可以穿透大气层，并能够用地基射电望远镜观测。氢原子中的氢原子核（质子）与绕其运行的电子的自旋方向相同时，其能量比它们自旋反向时略高。当电子的自旋方向从与质子同向翻转为与质子反向时，多余的能量将转化为波长为 21.1 厘米或频率为 1.42 吉赫（GHz）的辐射。氢原子的这种辐射在 1944 年由荷兰天文学家范・德・胡斯特（H.C.Van de Hulst，右图）预言，并于 1951 年观测到。通过研究波长为 21.1 厘米的辐射，天文学家可以知道氢原子云在银河系和其他星系中的分布。

恒星是如何形成的?

当气体和尘埃云在自身质量的引力作用下开始塌缩时，恒星就开始形成了。只有当云团自身的引力作用足以克服其内部气体和尘埃的压力时，这个塌缩过程才会发生。气体的压强取决于温度，越热的云团越难塌缩。如果冷云的质量足够大，又或者在一个大云团内部形成了一个足够致密的团块或“核”时，引力将在这场与压力的战斗中胜出，冷云或核开始塌缩。

尽管绝大多数星际气体因为太过弥散，无法形成上述的塌缩过程，但在某些情形下，云团还是可能被压缩到足以产生恒星的地步。例如，当云团进入银河系中的旋臂结构（其中的

左图：**奥米伽星云（梅西耶星表中第 17 号天体）局部的红外线伪彩色图像，M17 是人马座中的一个恒星形成区，其中的年轻恒星被尘埃遮挡较多，显示为红色。**

物质分布更为密集），或者当两个云团发生碰撞时，都可能发生塌缩。

同样地，当超新星爆发产生的激波或高亮度恒星的强星风（高速运动的粒子流）扫过星际物质时，也可能形成致密的气体团块。巨分子云提供了恒星形成的最佳环境，因为其温度较低而密度相对较高。

当塌缩开始时，云团核心的典型直径为1光年左右，并且旋转非常缓慢。随着云团持续地收缩，其旋转速率将越来越快，这类似于滑冰运动员旋转的场景，即当他们张开双臂时旋转变慢，而双臂紧贴身体时旋转加快。如果转速过快，云团将会碎裂成为两个或更多彼此绕转的小云团，最终会形成双星或聚星系统。否则，星云内区将会塌缩成高密度的气体球（原恒星），而旋转运动会使得正在落入内区的剩余气体和尘埃扁平化，形成围绕原恒星的盘状或透镜状星云。随着原恒星继续收缩并吸入其周围星云中的物质，它的密度和温度将持续上升。其中原子和分子间的碰撞也越来越频繁和剧烈，原恒星内部的压力也会逐渐上升，因此

左图：**人马座中的礁湖星云包含了一个最近形成的星团。在星云亮度最大的区域恒星正在形成。**

收缩也将逐渐变慢。从炽热的原恒星内部发出的可见光和紫外辐射会被尘埃颗粒吸收，并将其加热至几百摄氏度。尽管原恒星被其周围的茧状尘埃包裹，无法观测，但被加热后的尘埃所发出的红外辐射暗示了原恒星的存在。

新恒星的诞生

当原恒星中心的温度达到约 1 000 万摄氏度，核心中开始发生核聚变反应，两个氢原子融合为一个氦原子的同时将产生大量的能量。新生恒星中炽热气体所产生的压力阻止了进一步的收缩，其内部的压力足以与压缩恒星的引力相抗衡，从而进入了一种平衡状态。恒星演化到这个阶段，变成了一颗主序星。

强烈的星风（新生恒星驱动的外流气体）将很快驱散掉包裹在新生恒星周围的剩余气体和尘埃，新生恒星迫不及待地向我们宣告自己的诞生——让我们看见它。

大质量原恒星的塌缩和升温比小质量原恒星更快。一个 10 倍太阳质量的塌缩星云只需要不到 10 万年的时间就能变为主序星。与此相对，如果其质量与太阳相当，那么将需要几百万年的时间才能演化到主序阶段。恒星的质量越大，其亮度就越大，温度也越高。大于 10 倍太阳质量的新生恒星将位于赫罗图主序的上端，而质量只有太阳十分之一的恒星将位于接近主序下端的位置。

原恒星的质量如果低于 0.08 倍太阳质量（低于 80 倍木星质量），将永远也无法达到足够触发持续氢核聚变反应的温度，它们在变为真正恒星的过程中失败了。取而代之，它们将变为褐矮星——仅发出暗淡光芒的致密气态天体，因为它们辐射能量仅来自塌缩过程中所释放的引力能。新诞生褐矮星的光度大约为太阳的万分之一，表面温度约 2 000 ～ 2 500 摄氏度。随着年龄的增长，褐矮星将慢慢冷却，并

☆ 格利泽 570D 是已知温度最低的褐矮星，表面温度约 480 摄氏度，与金星的表面温度相当。

右页图：**原恒星 HH-34 喷射出的物质形成了其下方的喷流（中下部）。**

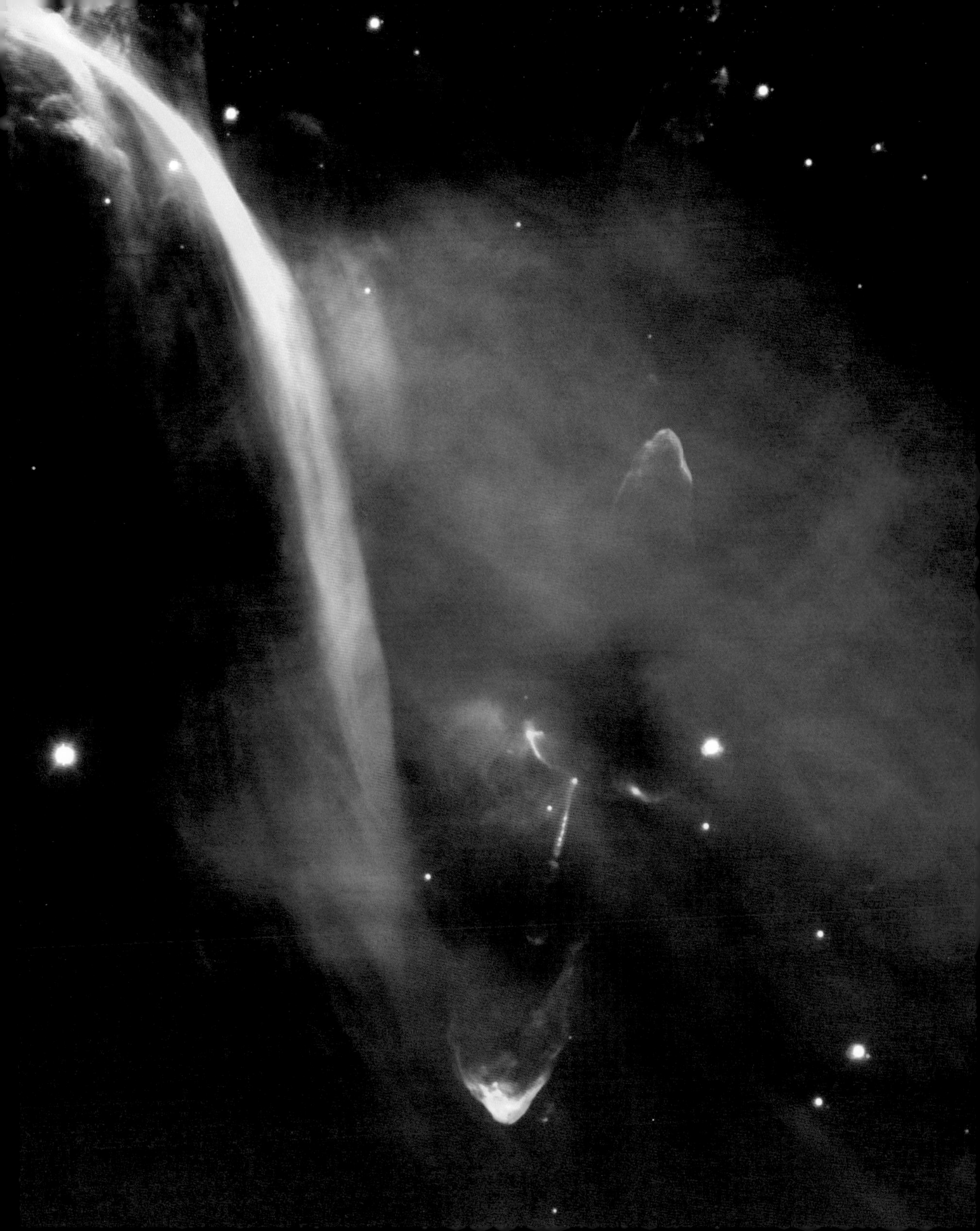

不再发出辐射。褐矮星由于光度很低，观测上很难发现，直到最近几年天文学家才开始观测到大量的褐矮星样本。

巨分子云中往往会形成多个致密云核，新恒星通常在其中成批诞生，因此巨分子云也被称为恒星摇篮。离我们最近的恒星摇篮是猎户座分子云（OMC），它由多个含尘云块构成，可见的猎户星云只是其中的一小部分。红外波段的观测显示，新一批的恒星正在 OMC-1 中形成，OMC-1 的质量为 10 000 个太阳质量，位于猎户星云的后方。哈勃空间望远镜的观测图像显示，猎户座区域有几百颗年轻和新形成的恒星，其中很多都被环状或扁平状的尘埃和气体云环绕。

很多天文学家都认为，行星系统形成于这种含尘云块——也就是通常所说的原行星盘，而行星是恒星形成过程中自然衍生的副产品。在行星围绕恒星运行时，其引力将使恒星位置产生微小的摆动，但这种摆动很难测量到。直到 1995 年，天文学家才具备用这种方法探测与木星同等级质量的行星的条件[9]。

行星的形成

对于行星的形成，很多天文学家都持这样的观点：在环绕新生恒星的盘状星云中，尘埃颗粒聚集形成团块或因相互作用彼此联结，逐渐增大形成一种直径 5 ~ 10 千米的天体，即所谓的星子。星子间的碰撞会使其中一些化为更小的碎片，也使另一些变得更大。大星子在将小星子吞噬的过程中逐渐增大，形成月球或水星大小的天体。后续的碰撞将形成类地行星和巨行星的岩核。在星云外部的低温区域，岩核将吸积大量的气体形成类木星（右图）和土星的天体。在很多年轻主序星中都观测到了环绕在其周围的尘埃盘。在少数这些盘中具有环状间隙，这可能是由新形成行星或在其形成过程中将这一区域的尘埃扫除后产生的。

主序及主序后的演化

当进入主序阶段，就意味着新生恒星达到了平衡态。其内部炽热气体产生的压强足以和致使其收缩的引力相抗衡。恒星在核心产生能量，并从表面辐射出去，只要核心处的产能率维持稳定，并与其表面的能量辐射率相同，这种平衡态就会一直持续下去。如果产能率增加，那么恒星将会膨胀直到达到新的平衡态；反之，如果产能率减少，恒星则会收缩，直到其内部压力增大，并再次阻止引力收缩。

主序阶段恒星的能量来源于核反应，在核反应中氢转化为氦，并释放能量——与太阳内部发生的核反应类似。为方便起见，天文学家通常将这个过程称为“氢燃烧”，虽然这个名称有一定的误导性（从语义上来说核聚变与“燃烧”根本不是一回事）。随着氢燃烧过程的持续，越来越多储存于恒星核心处的氢将转化为氦，氢燃料逐渐被消耗。当所有的氢燃料被耗尽以后，氢燃烧将停止，恒星的核心由于没有

上图：**太阳是典型的主序星。地球大气中的尘埃使夕阳呈现橙色或红色。**

右图：**图中的球状星团名为霍奇 11，与近邻的大麦哲伦云星系成协。**

左图：半人马 ω 是一个球状星团，其中有约 100 万颗恒星。半人马 ω 距离地球 17 000 光年，是银河系中最古老的天体之一。

右页图：不同种类恒星大小的对比。（a）太阳（右）与红巨星（左）的对比；（b）白矮星（右）与太阳（左）的对比；（c）中子星（右）与白矮星（左）的对比；（d）与太阳质量相近的黑洞（下）与中子星的对比（上）。

能量产生，因此无法与恒星自身的引力相抗衡。此时将发生一系列重大变化，使得恒星脱离主序阶段的演化。

恒星在主序阶段演化的时间（主序寿命）取决于它的质量。很奇怪的一点就是，恒星的质量越大寿命就越短。解释这个看起来很奇怪的现象的关键，就在于恒星的质量和光度之间的关系。恒星的光度和质量之间有一个粗略的经验关系，主序星的光度（以太阳光度为单位）大约是其质量的 3 次方。例如：如果一颗恒星的质量为太阳的两倍，那么它的光度就是太阳的 8 倍（$2^3=8$）；如果恒星的质量是太阳的 10 倍，它的光度将达到太阳的 1 000 倍（10^3，10 倍太阳质量恒星的光度是太阳的几千倍）。尽管恒星拥有更多的氢燃料，但由于它们需要维持相对其质量高得多的光度，因此燃料消耗的速度也要快得多。

通常认为，太阳所有的燃料足够维持其 100 亿年的主序寿命。太阳目前的年龄为 50 亿年，其剩余的氢燃料至少还可以再维持 50

亿年的寿命。10 倍太阳质量的恒星虽然有 10 倍于太阳的燃料，但是其燃料的消耗速度是太阳的几千倍，所以其燃料将在几千万年的时间内消耗殆尽。质量最大的主序星，其寿命不超过几百万年。作为对比，质量和光度分别为太阳的十分之一和千分之一的恒星，其寿命将达太阳的 100 倍以上。

☆ 天狼星 B 是已知最亮恒星天狼星的暗弱伴星，也是人类发现的第一颗白矮星。1914 年，美国天文学家沃尔特・S. 亚当斯（Walter S. Adams）证实了天狼星 B 的大小与一颗行星相当。

迈向暮年的恒星

当恒星核心处的氢消耗殆尽，氢聚变反应也将停止为其提供能量。恒星外包层因其庞大的质量将在引力的作用下开始往内挤压，即恒星开始收缩。随着恒星的收缩，其温度将升高，这将使得核心外的一个气体薄壳层中的温度升高，并触发其中的氢燃烧反应。随着核心的进一步收缩，壳层的温度持续升高，氢聚变反应的速度也越来越快，因此壳层的能量输出也急剧增加，最终将使得恒星的光度大大超过主序阶段。恒星内部的平衡因此被破坏，转而开始膨胀。随着恒星半径的增加，其表面积也快速增大（半径增大一倍，表面积将变为原来的 4 倍），因此恒星的光度虽在增加，其温度却在下降。在赫罗图（见第 37 页）上，恒星将往右上方移动，离开主序进入红巨星所在的区域。

随着恒星离开主序继续演化，壳层中氢聚

a

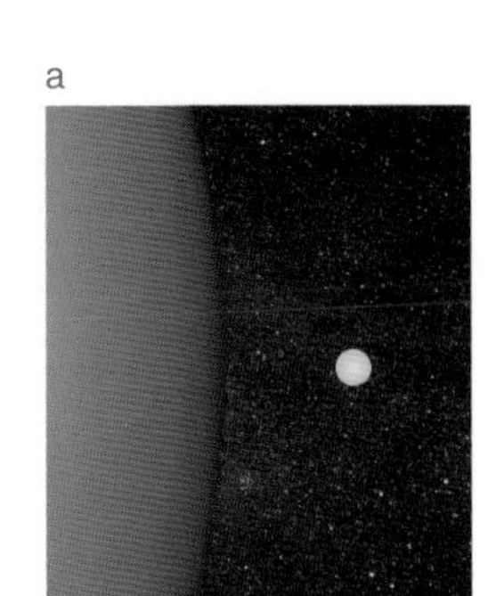

b

c

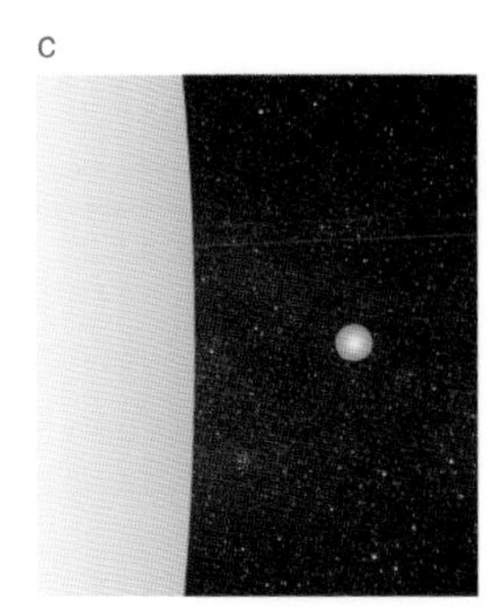

d

变产生的氦元素将累积在持续收缩且越来越热的核心上。当核心的温度达到约1亿度时，将触发氦燃烧反应。氦燃烧将产生碳和氧元素，并释放能量。由于氦燃烧将3个氦原子核（通常成为 α 粒子）融合在一起产生一个碳原子核，因此也被称为3α 反应。随后，碳原子核可以与一个氦原子核反应，生成一个氧原子核。

当核心处的氦燃烧开始后，恒星将停止膨胀进入新平衡态，并变为一颗红巨星。但是，因为红巨星的光度太高，因此氦燃料消耗的速度将非常快。与太阳质量相当的恒星，其红巨星阶段最多仅能持续几亿年。如果是一颗大质量恒星，其红巨星（红超巨星）阶段的寿命还要短得多。

类太阳恒星的衰亡

当质量与太阳相当或更小的恒星燃尽了核心处所有的氦燃料以后，将无法再产生更多的能量。在其红巨星演化阶段的末期，将抛出一个或多个壳层，壳层由未燃尽的氢组成，最终形成称为行星状星云的发光气体云。这个名称具有误导性，行星状星云与行星没有任何关系。18 世纪的天文学家威廉姆 · 赫歇尔（William Herschel）在为其命名时认为这些朦胧的光泡看起来像是行星环。天琴座中的指环星云（M57）就是一个行星状星云，它看起来像一个围绕中心暗弱恒星的指环，但事实上是一个长长的气体圆筒，因为我们从其底部观察，所以显示为圆环状。很多行星状星云由两个或更多的同心气体壳层构成，部分行星状星云的结构甚至更复杂。

随着濒死恒星外部低温气体包层的不断抛

左页图：**行星状星云 NGC 2240 是一个气体壳层，围绕在白矮星的周围。这颗白矮星是已知最热的白矮星之一，位于图中中心附近的亮点位置。**

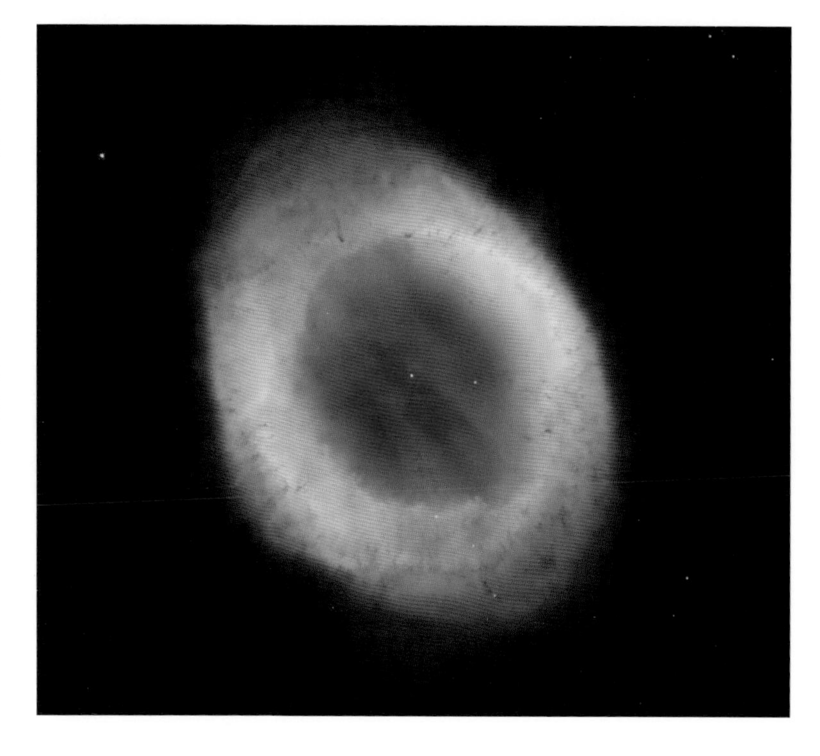

右图：**位于天琴座的一个筒形气体云——指环星云（M57），是一个行星状星云。由于从地球的方向看到的是该筒形星云的底部，因此桶壁看起来像一个指环。**

出（在这个阶段，一个太阳质量大小的恒星最多能损失 40% 的质量），氢和氦燃烧壳层将暴露出来，其产能也很快停止。失去能量来源的恒星开始快速收缩，其表面温度也随之快速上升，超过 30 000 摄氏度，有些情况下甚至可以超过 100 000 摄氏度。从恒星高温表面辐射出的紫外线将使膨胀壳层中的气体电离，并发出可见光，这就成了我们所看到行星状星云。不过，行星状星云之后就暗淡消失了，其中的气体也成了星际气体的一部分。

对于太阳质量的恒星，其核心收缩无法使其温度升高到足以触发碳燃烧的程度，因此无法发生能够继续产能的核反应。当濒死恒星中快速运动的电子产生的压强足以抵抗自引力塌缩效应时，它将停止收缩。此时的恒星大小与

上图：**狐狸座中的哑铃星云（M27）是一个行星状星云，其形态呈明显的沙漏形。**

右页图：**宝瓶座中的螺旋星云是离地球最近的行星状星云，距离地球 450 光年，其视直径约为满月的一半。**

太阳和地球的结局

目前，从长远来看，太阳和地球演化的结局是令人沮丧的。当太阳变为一颗红巨星时（还需要 50 亿 ~ 60 亿年的时间）它将膨胀到目前半径的 50 ~ 100 倍，光度将超过目前的 1 000 倍。水星，甚至连金星都有可能被太阳吞噬，而地球表面的温度将上升到 1 000 摄氏度以上。那时，地球上的海洋将被蒸发，大气层将被驱散到太空中，地表岩石也将熔化，地球上所有形式的生命将不复存在。在红巨星阶段的最后，太阳将抛出其外壳层的气体并收缩，在几万年的时间内变成一个仅有目前千分之一亮度的白矮星。当太阳变成一颗白矮星之后，我们的地球和地球上的一切将成为一片冰冻的废墟，太阳系中的任何地方都将不再具备维持生命存在的条件。

地球相当，光度约为太阳的千分之一，主要由碳和氧原子核构成，其内部物质平均密度为水的几十万倍，它已经成为一颗白矮星。

没有了能量来源，白矮星会将其储存的庞大热量通过辐射的方式释放出去。当温度下降，电子的压强不会降低，因此白矮星不会继续收缩，而是逐渐冷却并暗淡下来。经过几十亿年之后，变为一个低温的黑暗天体——黑矮星（银河系中还没有恒星演化到此阶段）。

中等质量恒星（5 倍太阳质量）脱离主序的时间则快得多（仅需 1 亿年左右）。在变为红巨星后，它们变得不稳定，并开始振荡，在一段时期内成为一颗脉动变星，如造父变星或长周期变星（见第 43 页）。当核心中的氦变为碳和氧之后，它将重新开始收缩。壳层中的气体温度则再次升高，并发生氦燃烧，恒星也将再次膨胀，且有可能成为一颗超巨星，并在驱散外层之前产生一个行星状星云，最后变为一颗白矮星。大质量恒星的结局则精彩得多，它们的故事将在第 4 章中进行介绍。

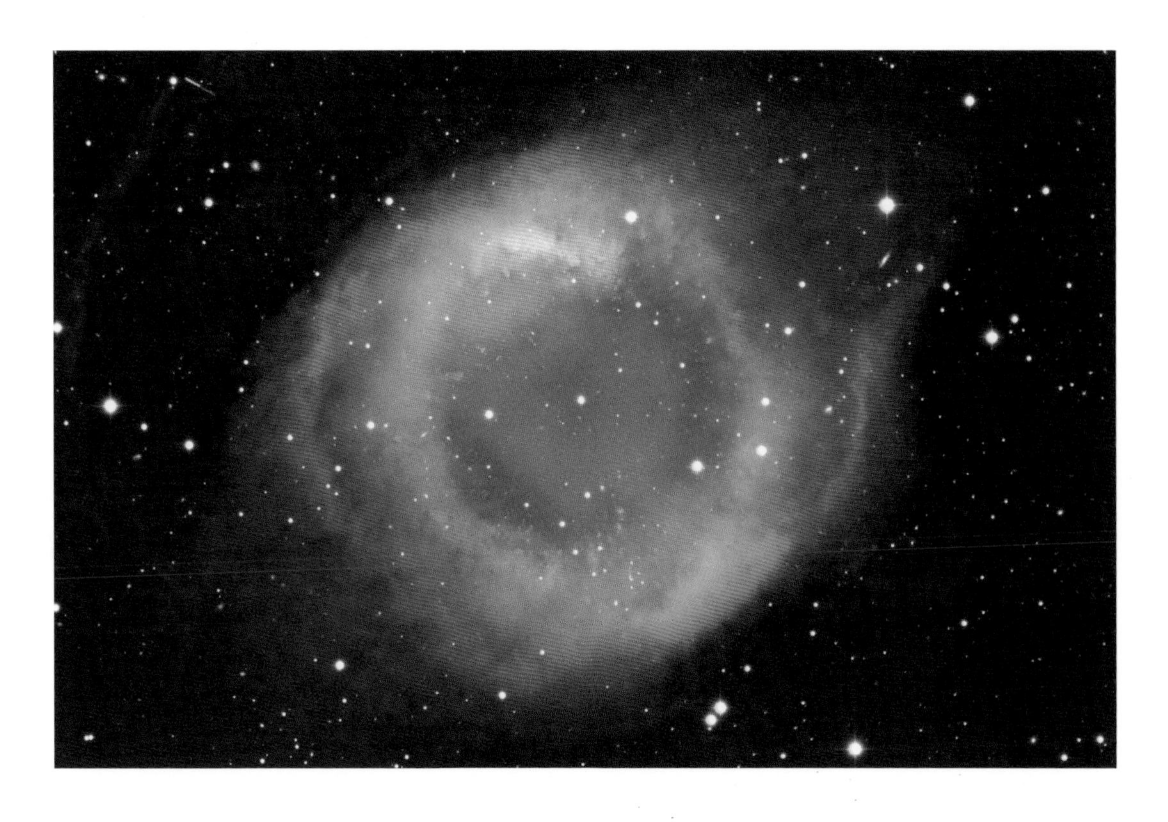

4

EXPLODING STARS AND REMNANTS

恒星的爆炸和残骸

4 恒星的爆炸和残骸

1931 年，印度天体物理学家苏布拉马尼扬·钱德拉塞卡（Subrahmanyan Chandrasekhar）发现白矮星能存在的质量上限是 1.4 倍太阳质量。如果一颗濒死恒星消耗完所有核反应燃料后，质量大于这个值（这个值也被称为钱德拉塞卡极限），其自引力将超过内部高速运动电子[10]产生的巨大压力。大多数中等质量恒星在它们生命的最后阶段，都会往星际空间中抛出物质，使其质量低于钱德拉塞卡极限，最终以平凡的方式结束其一生——变为一颗徐徐变暗的白矮星。对于质量介于 10 ~ 100 倍太阳质量之间的恒星，它们结束一生的方式则精彩得多。它们的核心或塌缩为一个密度大得令人难以置信的中子星，或塌缩为神秘的黑洞，而剩余的部分则被超新星爆发摧毁，瓦解后抛射出去，散落在广袤的宇宙空间中。

P72 图：船帆座超新星遗迹的局部特写。船帆座超新星遗迹由一颗于 12 000 年前爆炸产生。超新星遗迹中的膨胀气体与星际介质的碰撞产生了图中呈纤维结构的星云状物质。

大质量恒星的归宿

大质量超巨星的核心温度会随着收缩而持续升高，并依次触发不同元素的核燃烧。当核心温度达到 6 亿摄氏度时，碳燃烧过程将产生氖、镁、氧等元素。等到碳燃料耗尽后，核心进一步收缩，温度则继续升高，触发后续的核反应，并产生硫、硅等元素，最后将产生铁元素。后续的这些核反应持续的时间将会越来越短。计算发现，25 倍太阳质量的恒星，其氦燃烧将持续 50 万年，碳燃烧只会持续 600 年，氧燃烧则只能维持约 6 个月，而硅燃烧仅能支持约 1 天。

恒星必须依靠核反应产生的能量来对抗自身引力导致的塌缩。不同于前述的核反应，铁核聚变不仅不能产生能量，反而必须吸收大量的能量，因此一旦恒星核心变成了铁核，失去能量来源的恒星会立刻开始塌缩。如果塌缩铁核的质量超过钱德拉塞卡极限（1.4 倍太阳质量），则不会变成白矮星。引力将战胜铁核内部高速电子气的压强，使核心进一步收缩。核心的密度也会大得让人难以置信，同时其中带正电的质子和带负电的电子将结合成为电中性的中子。这个过程将释放出大量的呈电中性、零质量或仅有极其微小质量的“幽灵”粒子——中微子。

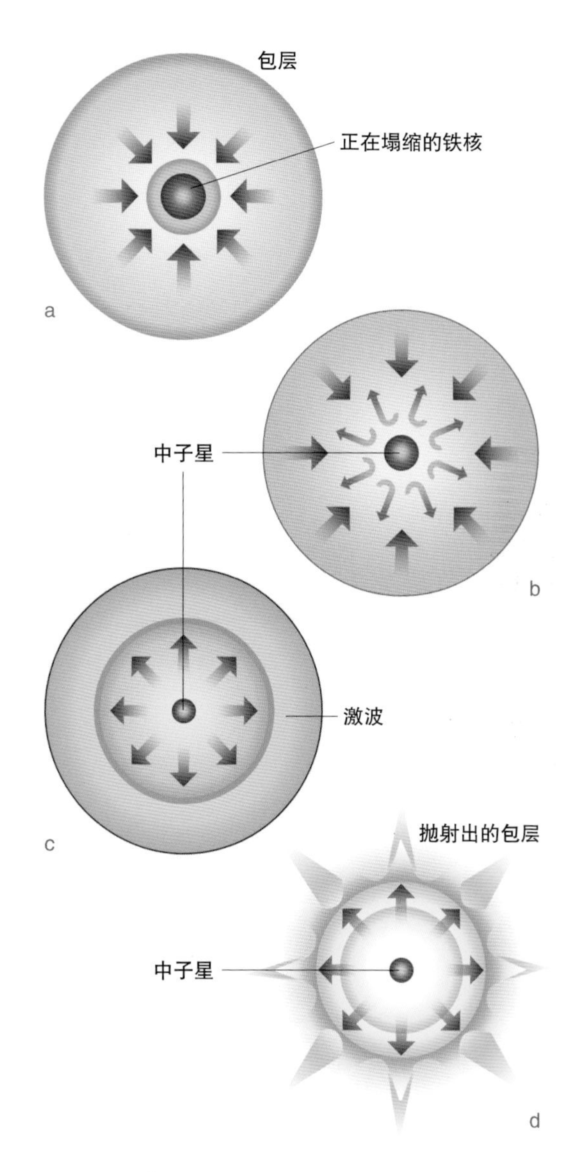

上图：II 型超新星爆发的形成过程。
（a）铁核塌缩形成中子星；（b）下落气体反弹产生的激波；（c）恒星的剩余物质被抛射出去；（d）抛射出的物质散落在宇宙空间中。

P76–77 图：蟹状星云是一个正在膨胀的超新星遗迹，其爆发在公元 1054 年由中国天文学家观测到。

右图：超新星遗迹仙后座 A 在 X 射线波段的图像。靠近中心位置的亮点可能是一颗中子星。

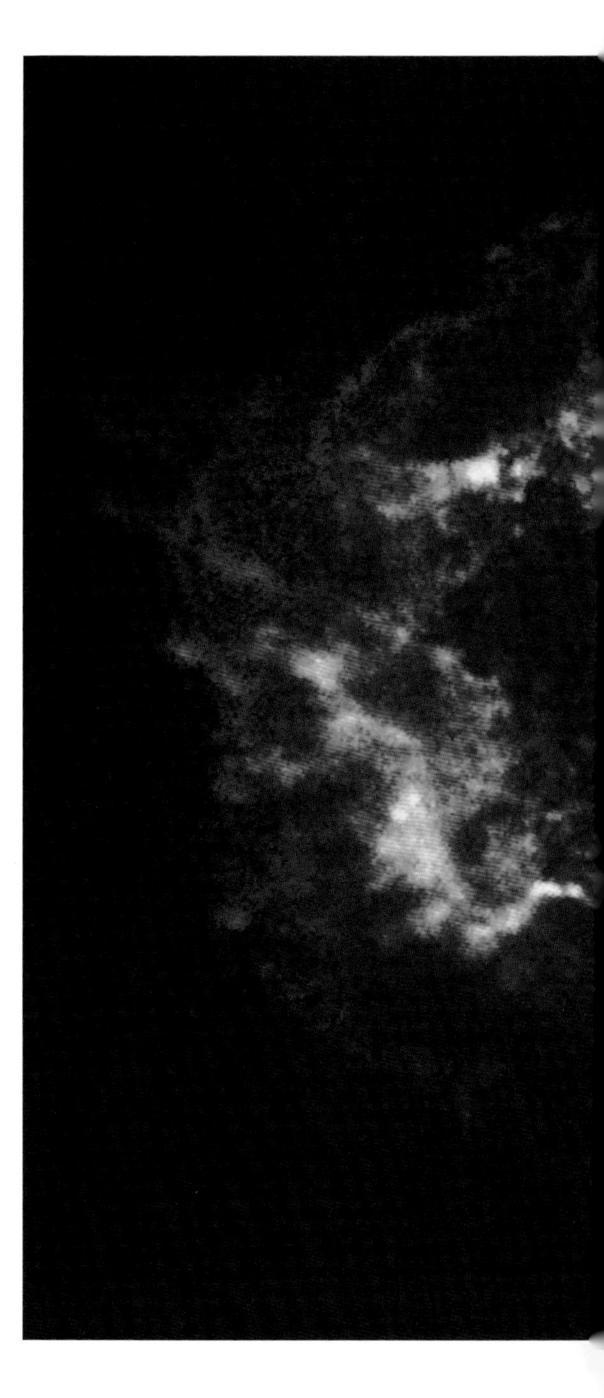

如果塌缩核心的质量不超过 2 ~ 3 个太阳质量，在核心密度达到约为水密度的 400 万亿倍（约 4×10^{17} 千克每立方米）后，紧密堆叠在一起的中子所产生的压强会阻止核心的进一步塌缩。在这个阶段，开始塌缩后零点几秒的时间内，核心将塌缩到半径约 10 千米大小，变为一颗中子星。如果我们将一茶匙的中子星物质拿到地球上来，它的质量几乎有 10 亿吨，其密度之大可见一斑。

恒星的爆炸

当恒星主体中下落的物质碰到中心坚硬的新生中子星后，将会反弹，并产生强大的激波（超音速飞机所产生冲击波的超巨型版）。激波会将恒星震得粉碎，并将其中的绝大部分物质驱散到太空中。在核心塌缩后，向外扩散的激波需要经过数小时才能到达在劫难逃的超巨星的表面，并驱动光球层（肉眼看到的恒星表面）以 4 万千米每秒的速度向外扩张。从这个阶段

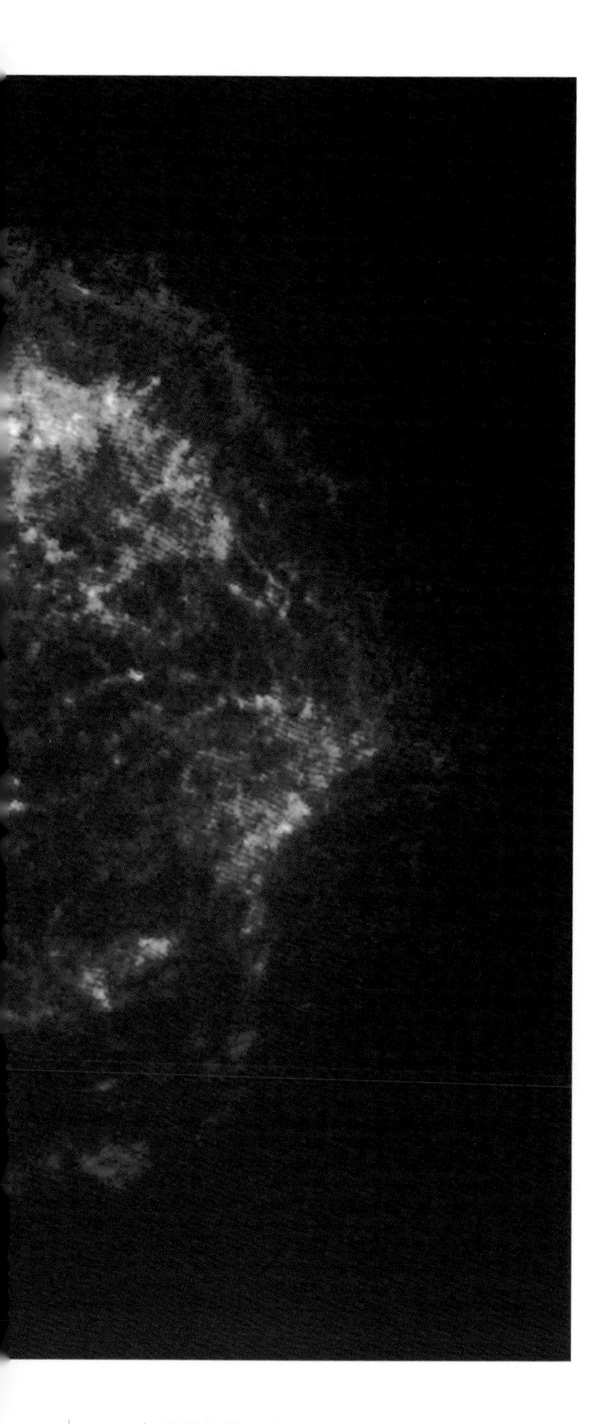

开始，在可见光波段爆炸恒星的亮度才开始陡增。仅仅一到两天内，其光学光度将达到约为太阳的 6 亿倍（-17 绝对星等），与一个小型星系的亮度相当。然而，可见光波段的能量只是其爆炸过程中所释放出的总能量中极小的一部分，其中 99% 的能量由中微子带走，而绝大多数中微子都以光速，或者更准确地说以极其接近光速的速度逃逸到太空中。

这种现象称作 II 型超新星（或核塌缩型超新星）。爆炸后留下的云状残骸——超新星遗迹，将向外继续扩张，扫过所到之处的稀薄星际气体，并将其压缩，最终与抛射出的前端物质融合，形成一个由压缩气体组成的扩张壳层。而且，在中间所扫过之处，成为一个逐渐增大的空腔。在这个壳层中存在被缠绕、压缩的磁

☆ 根据超新星遗迹仙后座 A 的膨胀速率，天文学家推算认为其爆发于 1667 年。但未发现任何有关这次爆发的观测记录，这可能是因为超新星被尘埃云遮挡所致。

上图：超新星 1987A 所在天区爆发前（左上图）后（右上图）的对比。图中箭头所指为爆发的恒星。

场，高速运动的电子在磁场中做回旋运动，并释放出从 X 射线到射电波段的电磁辐射。

最著名的超新星遗迹是金牛座中的蟹状星云，其位置与 1054 年爆发的一个肉眼可见的超新星一致。由于蟹状星云距离我们大约 6 500 光年，所以当被我们看到时，超新星应该已经爆发了 6 500 年了。另一个著名的超新星遗迹是船帆座超新星遗迹，不过相对蟹状星云更暗一些。船帆座超新星遗迹是一个巨大的纤维状云，横跨约1 000光年，其中心距离我们约1 300光年。根据其膨胀的速度，可以算出船帆座超新星爆发于约11 000年前。该超新星爆发达到峰值亮度时，星等值约为 -9，比金星还要亮100倍。

大体上看，超新星爆发是比较少见的现象，在类似银河系这种大型的旋涡星系中，平均大约每100年有3次超新星爆发。我们观测到的银河系中最近的一次超新星爆发发生于1604年，不过在这之后可能也还有其他的超新星爆发，但由于致密尘埃云的遮挡未被我们观测到。

最近一次肉眼可见的超新星爆发发生在1987年2月23日，被称为SN1987A，位于距离我们17万光年的近邻星系——大麦哲伦星云中。尽管距离遥远，其视星等峰值还是达到了2.8，肉眼就能看到。这次爆发的特征是，其产生的中微子首先被日本和美国的中微子探测器观测到，其后数小时，才在光学波段观测到这颗超新星。这个现象与Ⅱ型超新星爆发的形成机理十分吻合。

产生蟹状星云的超新星

我们目前看到的蟹状星云（右图）由1054年的超新星爆发产生，这次爆发被中国古代的观测人员记录为“客星”。在长达23天的时间里，即便在白天也能够看到这颗“客星”，而在之后近两年的时间里，它依然是夜空中除月球以外最亮的天体。这次爆发并没有被欧洲和中东的天文学家记录下来。不过在美国的亚利桑那州北部发现了岩石雕刻画，画面显示紧邻着月牙旁出现了一个圆圈，有天文学家认为这可能表示在1054年7月5日爆发时这个超新星的方位与月球靠得很近。由于月球相对背景恒星的运动速度很快，这个天象可能只有在北美洲才能看到。

中子星和脉冲星

尽管早在1932年有人就预言了中子星的存在，不过因为中子星的半径实在太小，所以大家都认为实际观测到中子星几乎是不可能的。但在1967年，当时还在剑桥大学师从安东尼·休伊什（Antony Hewish）教授的研究生乔瑟琳·贝尔[Jocelyn Bell，现在是贝尔·伯内尔（Bell Burnell）教授]发现了一个很奇怪的源，这个源每隔1.33秒就发出一次射电脉冲，其周期惊人地稳定。在几个月内，剑桥大学的研究团队发现了多个这种类型的天体，后来称之为脉冲星（英文上是脉冲射电源的简称）[11]。

天文学家很快发现对脉冲星的最佳解释就是，脉冲星其实就是快速旋转的中子星，它们会发出狭窄的射电波束，每旋转一圈射电波束也扫过一圈，就像灯塔的光一样。当波束扫过地球，我们就会观测到一次脉冲信号。当一个旋转的物体被压缩时，为了维持旋转运动的总量（角动量）其旋转就会变快，而当一个恒星塌缩到中子星大小，其最终的自转速度也将非常快[12]。

塌缩恒星表面的磁场也会急剧增强。一般认为，中子星表面磁场比地球的表面磁场强1亿~10万亿倍。与磁铁棒的磁力线类似，中子星的磁力线在其南北磁极汇聚。磁极处的强

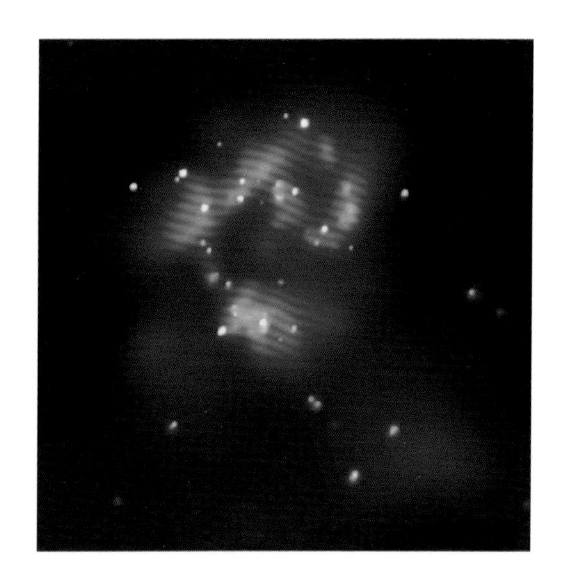

左页图·左：碰撞中的两个星系在X射线波段的图像。其中的亮点可能是被气体围绕的中子星或黑洞。

左页图·右：图中箭头所指为中子星RX J1856.5–3754，它正在穿过星际气体，形成了一个微小的锥形星云，类似船只在水中航行形成的弓形波。

右图：蟹状星云的X射线波段图像。中心的脉冲星被高能粒子形成的环包围，并存在高能粒子形成的喷流。

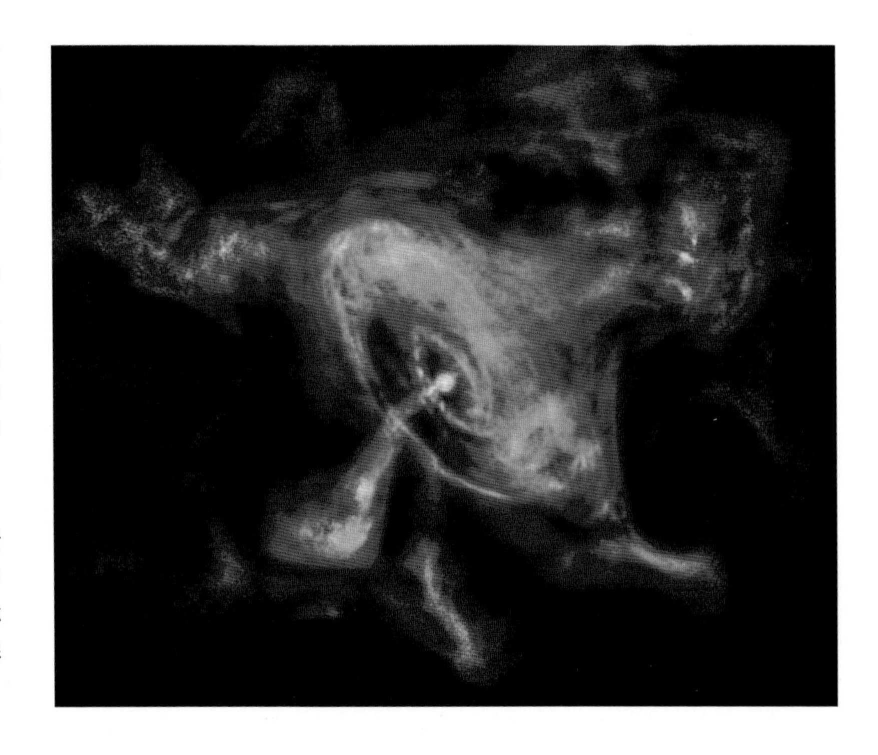

大磁力会加速带电粒子（如电子）使其产生辐射，而由于强大磁场的作用，粒子发出的辐射将具有很强的方向性，汇集成狭窄的波束从两个磁极发出。带电粒子可以产生从伽马射线到射电波段的所有辐射，具体取决于其能量的大小。

1968年在蟹状星云中心发现了一颗周期为0.033秒（每秒30个脉冲）的脉冲星，这一发现为脉冲星是产生于核塌缩超新星过程中的中子星这一理论假说提供了有力的证据。船

☆ 一茶匙白矮星物质的质量约和一辆小汽车相当，而一茶匙中子星物质则几乎和一座小山一样重。

帆座超新星遗迹中，同样也有一颗脉冲星。

由于脉冲星周围的物质会对其自旋运动产生拖拽，因此其自转速度会逐渐变慢，脉冲周期也会逐渐变长。不过，脉冲星的自转速度偶尔也会突然变快一点点，这种现象称为“自转突变”，通常认为这种现象起源于“星震”。星震是由于中子星的外壳层（一般认为是由重原子核构成的固态晶体层）相对其液态内核产生滑动，或外壳层向内产生了微量收缩导致的。

年轻脉冲星的自转周期通常比年老脉冲星的要短，不过有一些所谓的毫秒脉冲星，虽然其周期非常短（约千分之几秒或更多一点），但是看起来非常年老。大部分毫秒脉冲星都位于密近双星系统中。一般认为，在这样的双星系统中曾发生过从伴星到中子星的物质转移过程。此时由于中子星与伴星以很高的速度相互绕转，因此从伴星转移过来的物质也会带有很强的旋转运动，当落到中子星表面时，会将旋转效应转移到自转较慢的年老中子星上，使其自转加速，直到中子星自转周期达到毫秒量级。

某些情况下，中子星发出的高强度辐射甚至可以将伴星完全蒸发。这种情况可能正发生在一个含有“黑寡妇”脉冲星的双星系统中。黑寡妇的伴星仅有 0.05 个太阳质量且被气体云包围，一般认为这些气体云由伴星表面蒸发的物质形成。

脉冲双星和引力波

根据爱因斯坦的广义相对论，相互之间快速绕转的大质量天体会辐射出引力波——以光速传播的引力场“涟漪”。但是引力波的强度非常弱，2016 年 2 月 11 日，激光干涉引力波天文台（LIGO）和室女座引力波天文台（Virgo）合作团队宣布他们利用高级 LIGO 探测器，首次探测到了来自双黑洞合并的引力波信号，目前已发现数个引力波信号。不过，由于密近双星系统辐射引力波时会损失能量，因此两个天体在互相绕转的过程中将会逐渐靠近，系统的轨道周期也将因此而减小。1974 年发现的脉冲双星 PSR 1913+16 由一颗脉冲星和一颗中子星组成，观测发现其轨道周期的变化率与广义相对论所预言的引力波辐射的计算结果一致。按此速度，这两颗星将在约 2 亿年内发生碰撞。

黑洞

1916 年德国数学家卡尔 · 史瓦西（Karl Schwarzschild）证明了，根据爱因斯坦的广义相对论，如果一个给定质量的物体被压缩到足够小的半径（称为史瓦西半径）中，那么其中的任何物质，即便是光，都将无法逃出。太阳的史瓦西半径是 3 千米，而对一颗 10 倍太阳质量的恒星，其史瓦西半径为 30 千米。

中子星的质量上限一般认为介于 2 ~ 3 个太阳质量之间。如果大质量恒星的塌缩核心超过这个质量上限，即便紧密堆叠在一起的中子所产生的压强也无法与引力抗衡，此时任何已知的力都无法阻止其继续塌缩，核心将一直塌缩下去。当它塌缩到史瓦西半径之内，其发出的光也无法从史瓦西半径内逃脱，因此星体将从视线中消失。塌缩将一直持续，直到星体成为一个密度无限大的点（奇点）。此时，只剩下一个史瓦西半径大小的空间区域包围着其中的奇点。在这个区域之内，引力大到连光也无法逃脱到外部宇宙空间的程度。这个区域的边界称为视界，因为外部世界无法获知区域内发生的任何事件的信息[13]。最终产生的天体，称之为黑洞（称其“黑”是因为其不发出任何辐射，称其为“洞”是由于强大的引力会将任何靠近它的物质和光拉入视界之中）。

尽管黑洞不发出辐射，但我们可以通过黑洞与周围物质的相互作用来确认其存在。尤其

下图：**当大质量恒星塌缩时（a），其表面的引力越来越强，渐渐地连光也很难从其表面逃逸（b，c）。当恒星的半径小于史瓦西半径时（d），就无法被我们看到了，它变成了一个黑洞（e）。**

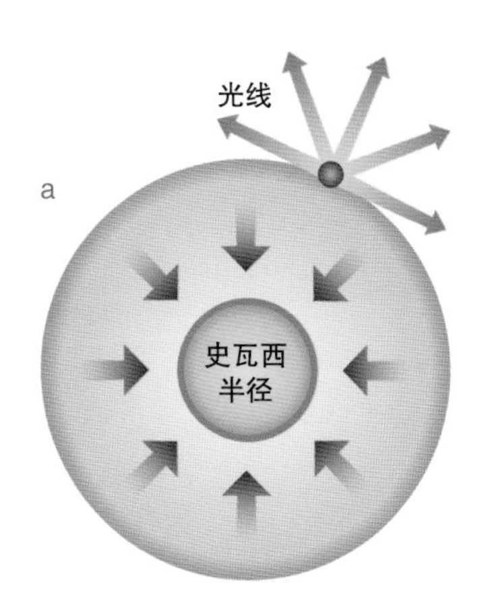

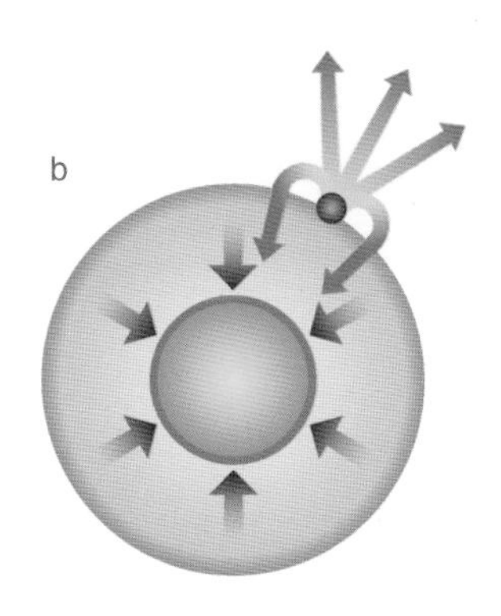

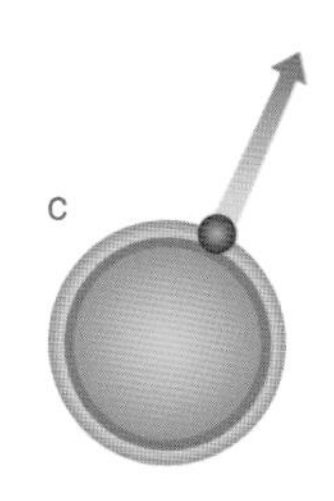

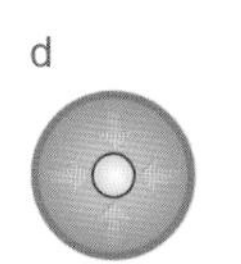

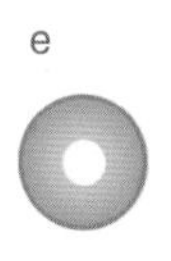

是当黑洞位于双星系统中时，在观测上，其可见伴星将围绕一个隐形天体旋转。如果这个隐形天体的质量大于 3 个太阳质量，天文学家就会认为这个双星系统中可能有一个黑洞（候选黑洞）。

当可见伴星与黑洞的距离足够近时，黑洞的强大引力会把伴星拉成鸡蛋形状，伴星的气态物质将从“蛋”上突出的一端流向黑洞。由于伴星与黑洞以非常快的速度相互绕转，因此伴星的气态物质流将不会直接落入黑洞，而是形成一个环绕黑洞的气体盘（吸积盘）。吸积盘内气体之间的摩擦效应和碰撞会使盘的温度上升至几千万到几亿度，从而发出 X 射线辐射。而且吸积盘上也会出现一些局部温度较高的区域，称之为热斑。由于热斑会围绕黑洞快速旋转，因此吸积盘的 X 射线亮度也会快速变化。

天鹅座 X-1 是最著名的包含候选黑洞的双星系统，于 1972 年发现，是位于天鹅座的一个亮度快速变化的 X 射线源（X 射线快变源）。天鹅座 X-1 由一个 30 倍太阳质量的高亮蓝色超巨星和一个可能重达 14 倍太阳质量的隐形伴星组成。天鹅座 X-1 是一个大质量 X 射线双星，其中的可见恒星比隐形伴星的质量大。在双星中，当可见恒星的质量相对较小时，

左图：**图中蓝色的喷流被认为是从环绕黑洞的盘中喷出的过热气体，由亚原子粒子组成。图中黑洞位于巨椭圆星系 M87 的核球位置，质量为 20 亿倍太阳质量。**

左图：黑洞的引力将伴星气体从表面拖拽出来，流向围绕黑洞快速旋转的盘（吸积盘），吸积盘因高温辐射出 X 射线。

隐形天体质量的测量误差一般较小。候选黑洞天鹅 V404 就是这类低质量双星系统的代表，其中可见伴星的质量仅有 0.7 倍太阳质量，而隐形天体约有 12 倍太阳质量。

目前已知的确定性较高的候选黑洞有几十个。面对越来越多的证据，宇宙中的大多数大质量恒星最终将塌缩为黑洞这一观点已经少有质疑之声。

最早期的黑洞概念

现代意义上的黑洞概念于 1916 年提出，但早在 1783 年英国天文学家约翰·米歇尔（John Michell）就提出可能存在质量和密度都足够大的天体，以至其发出的光线都无法从天体表面逃逸。另外，法国数学家皮埃尔·西蒙·拉普拉斯（Pierre Simon de Laplace，右图）也在 1796 年独立提出了同样的概念。他们都假设光和实物粒子一样会受到引力的作用，并计算了当一个天体的逃逸速度达到光速时其质量有多大。米歇尔计算认为，如果天体的密度与太阳一样，那么半径要大 500 倍才能让光子无法从恒星表面逃出。他们都认为，宇宙中的隐形大质量天体可以通过其与周边物体的引力相互作用来间接观测。

其他类型的爆发

在双星系统中，如果白矮星的伴星是一个膨胀的巨星，白矮星会通过引力将伴星的物质拖拽出来形成气流。气流会形成一个围绕白矮星的吸积盘，气体间的摩擦会使得盘中气体向内做螺旋运动并落向白矮星表面。白矮星强大的引力会将气体压缩形成一个致密的壳层，随着越来越多的氢累积在表面，壳层温度也越来越高。当温度达到 1 000 万摄氏度时，将触发氢燃烧反应，使温度进一步升高，释放大量的能量并产生剧烈的爆发。白矮星的亮度也会猛增到正常亮度的几千倍。由于爆发发生于白矮星的表面，因此白矮星内部并不受影响。随着核反应产物的扩散，白矮星也会在随后的几个月中渐渐恢复到原来的亮度。此类现象称作新星爆发。

X 射线暴源的 X 射线辐射亮度会在 1 秒内达到峰值并持续 10 ～ 20 秒，随后亮度渐渐恢复到正常值。这类爆发现象一般认为源于密近双星系统中年老中子星表面的热核爆炸。由于年老中子星的磁场比年轻中子星更弱，吸积物质会均匀分布在其表面（有别于年轻中子星的吸积，由于磁场很强，所以物质会沿着磁力线流向磁极处的“热点”）。氢燃烧在中子星表面产生一个氦壳层，当壳层厚度累积到约 1 米时，

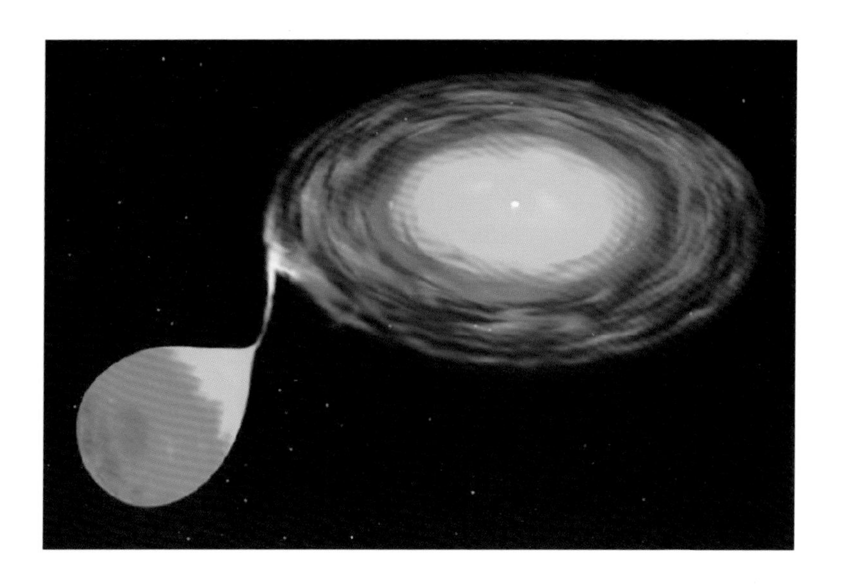

左图：**伴星物质流入围绕致密白矮星吸积盘的艺术假想图。当盘中气体落向白矮星表面并累积到一定程度时，将会触发新星爆发。**

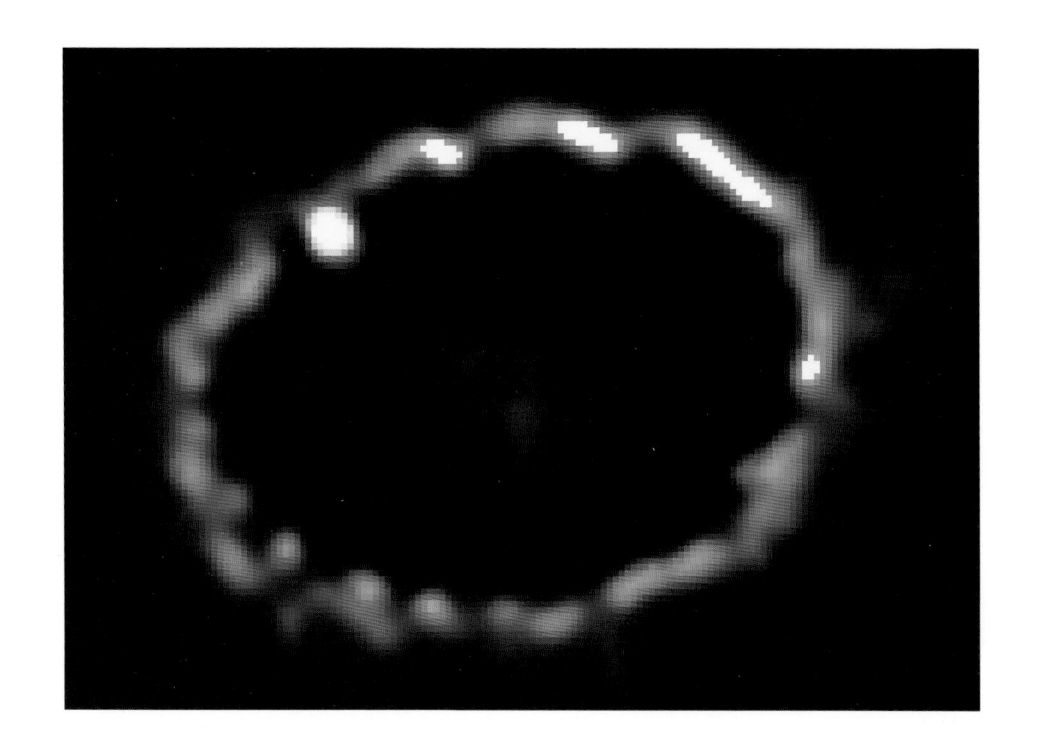

上图：**哈勃空间望远镜的观测图像，展示了围绕超新星遗迹的一个发光的环状结构。圆环由超新星在约 20 000 年前抛射出的气体形成，超新星于 1987 年 2 月爆发。**

壳层底部的温度上升到约 20 亿摄氏度。此时氦将会燃烧产生氦闪，在短短数秒钟产生的能量大约相当于太阳 3 天产生的能量。在每次爆发后，会重新产生新的壳层，并为新一轮的爆发准备燃料。

如果白矮星的质量非常接近其极限质量（1.4 倍太阳质量），并且以温和的速率吸积伴星的物质，那么吸积的氢将稳定地燃烧并转变为氦，而白矮星的质量也持续增大。当质量达到钱德拉塞卡极限时，白矮星将会开始塌缩，构成其内部的碳和氧突然被加热，并触发内部深处的核燃烧释放大量的能量，最终星体将被炸得粉碎。这种现象称为 Ia 型超新星爆发。Ia 型超新星爆发非常剧烈，会完全摧毁其前身星而不会留下任何中心天体。Ia 型超新星的绝对星等在 −19 到 −20 之间（是太阳光度的 50 亿倍到 100 亿倍），大约比 II 型超新星爆发的亮度高 10 倍。

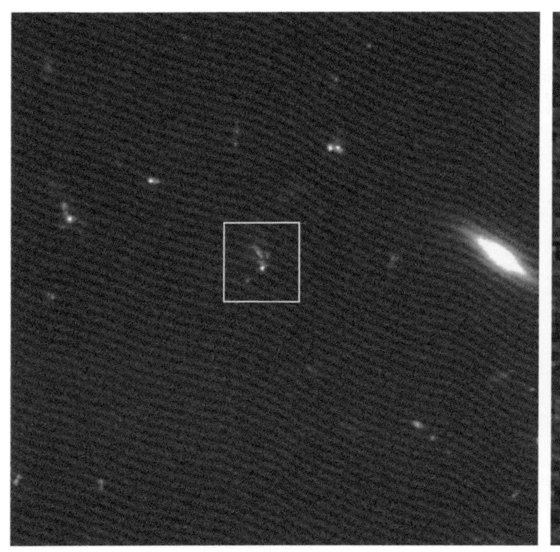

上图：一个快速变暗的可见光火球，这个火球与 1999 年 1 月 23 日的一个伽马射线暴成协。这个伽马射线暴的亮度大致相当于 10^{17} 颗恒星。爆发发生在遥远的星系中（方框位置）。右上图是火球和星系放大之后的图像。

☆ 伽马射线暴 GRB 990123 爆发于 1999 年 1 月 23 日，在数秒的时间里，其亮度相当于其他所有可见宇宙天体亮度的总和。

伽马射线暴

伽马射线暴（GRB）是人类迄今为止观测到的能量最强的爆发。伽马射线暴是一种短暂的爆发现象，在天空的任何区域都有可能发生。发生时，某个方向上的伽马射线辐射会突然增强，然后减弱，持续时间短则不到 1 秒，长可达数分钟。平均来说，每天可以观测到一个伽马射线暴。一直以来，天文学家并不清楚伽马射线暴到底是银河系起源，即起源于银河系内某处，还是宇宙学起源，即起源于遥远的宇宙深处。直到天文学家在对发生于 1997 年 2 月 28 日的一个伽马射线暴的研究中发现，与这个伽马射线暴成协的火球中出现了光学

右图：发生于 1997 年 12 月 4 日伽马射线暴的弱光学余辉逐渐消失。箭头所指为伽马射线暴发生的星系，距离我们 120 亿光年。

“余辉”，并确认余辉位于一个遥远的星系之中。这一发现最终确认了伽马射线暴的宇宙学起源。此后，在多个星系中观测到了伽马射线暴的余辉，其中最远的距离我们 120 亿光年。由于伽马射线暴发距离我们如此遥远，因此为了达到我们所观测到的亮度，其暴发能量必须大到不可思议的程度。

如果其发出的伽马射线和可见光都是各向同性的话，那么最亮的伽马射线暴在数秒钟内的亮度相当于 10^{16} 颗恒星，辐射出的能量比太阳在其一生的 100 亿年里辐射出的总能量还多。如果伽马射线暴的辐射有很强的方向性，即被集中在很窄的光束中，那么其辐射的能量就小得多了，但是伽马射线暴的实际数量就比我们观测到的要多得多（因为只有当辐射束指向我们的时候，才能观测到）。但无论实际情况如何，伽马射线暴都是我们目前观测到的能量最强的爆发现象，普通的超新星爆发与之相比也显得微不足道。

有关伽马射线暴起源的假说之一是极超新星，极超新星是一种比普通超新星爆发亮几百倍的假想爆发事件。极超新星爆发理论认为，当大质量恒星塌缩为中子星和黑洞时，如果激波的能量不足以将恒星的外围物质抛射出去，这些物质最终将落到中心的塌缩天体上，物质的能量将转化为热量和辐射，因此总的爆发能量将比普通的超新星大得多。不过，没人知道极超新星爆发是否真实存在。目前的主流观点认为伽马射线暴起源于双中子星系统或黑洞—中子星系统的并合。两种过程都会释放出巨大的能量，不过这些能量如何转化为伽马射线的细节还不太清楚。

恒星的轮回和结局

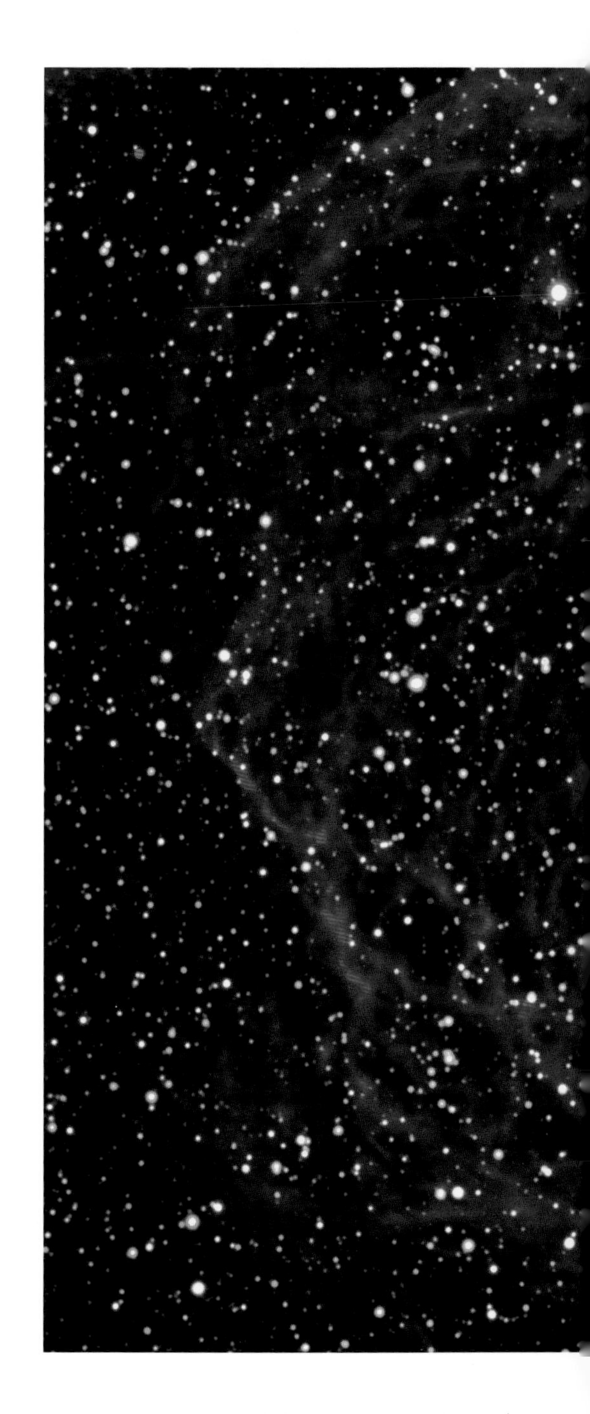

当恒星年老和死亡时，它会通过星风、行星状星云和超新星爆发的方式，将其部分物质返还到太空中。在超新星爆发和随后超新星遗迹膨胀的过程中会发生各种核反应，核反应会产生多种化学元素。构成类似地球一样行星的岩石、金属和其他生命必需的元素都是首先在大质量恒星内部形成，然后通过超新星爆发抛射到太空中的。超新星爆发抛射出的物质将与星际气体混合，并将重元素注入其中。类似超新星等剧烈的天体爆发过程产生的激波又会压缩星际气体，致使其塌缩，从而产生新一代的恒星。事实上，形成太阳和太阳系星云的塌缩很可能是由一次超新星爆发所触发的。

银河系中大约 90% 的气体已经形成了恒星。当所有的气体耗尽，就不会再有新的恒星形成。最后剩余的大质量恒星将快速演化，发生超新星爆发，塌缩为中子星或黑洞。剩余的太阳质量大小的恒星在经过 100 亿年的演化后将变为白矮星，并慢慢变暗，开始漫长的通往黑矮星的演化之旅。最后，只剩下那些缓慢燃烧、暗淡的低质量恒星还在闪闪发光。再过几万亿年，它们的燃料也会最终耗尽并熄灭。由恒星照亮宇宙的时代将终结，星系将变为一片阴冷、黑暗的废墟，散落着那些曾经照亮宇宙恒星的残骸。

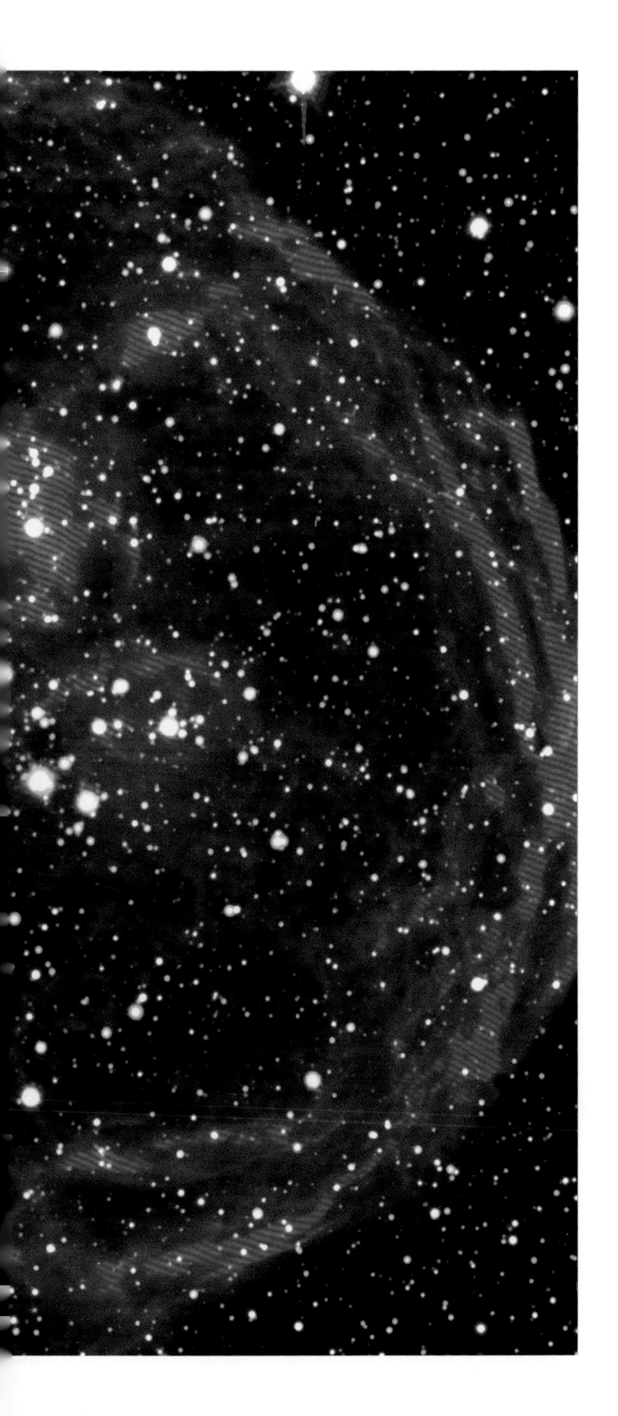

左图：**大麦哲伦星云中星际气体形成的超级“泡泡”(超风泡)。泡泡由大质量恒星的星风、超新星爆发产生，展示了大质量恒星与星际气体之间相互作用的过程。**

超新星爆发会威胁到地球吗?

超新星爆发对地球上生命的威胁主要来自其发出的高能伽马射线、X 射线和宇宙线(高能亚原子粒子)。即便在几千光年外爆发，Ia 型超新星(最亮的超新星)在伽马射线波段的亮度也比太阳还亮。II 型(核塌缩型)超新星如果在距离地球约 10 光年的地方爆发将会严重威胁地球上的生命，而如果 Ia 型超新星要威胁地球上的生命则需发生在距离地球几十光年的距离处。

我们看来还算幸运，因为在这个距离范围内目前并未发现会对我们产生致命威胁的候选超新星。距离我们约 300 光年外的红巨星参宿四，在未来可能会以 II 型超新星爆发的方式结束自己的一生，其爆发时的视星等将达 -13 星等(比金星亮几千倍)，不太可能对地球表面产生灾难性的影响。但是，只要在银河系内发生一次大的伽马射线暴，无论其发生于何处，其发出的高能辐射几乎确定无疑地将对地球上的生命产生致命影响。

注释

[1] 此处的命名都是指英文名的来源，而中国古代的天文观测者也都为这些恒星起了相应的中文名称。

[2] 天体距离的精确测量往往非常困难，仅有极少数特殊情况才能够测量距离的精确值，使用不同方法、不同设备的观测数据得到的结果也往往不一致，可以有几倍甚至量级上的差距，因此原文列在此处的距离数据仅供参考。

[3] 南北半球的季节是相反的。

[4] 由于地球还受到除太阳外的其他太阳系内天体的引力影响，其绕太阳的轨道运动比较复杂，包含进动和章动，因此地球的北回归线并非固定不变，而是在 23.45 度附近变化。

[5] 即全年都可见的星座，与拱极星定义类似。

[6] 恒星单位时间内发出辐射的总功率，包含各个波段，是不受距离影响的绝对值。

[7] 部分恒星还有发射线，吸收线与发射线后面统称为谱线。

[8] 即梅西耶星表。由 18 世纪法国天文学家梅西耶所编的《星云星团表》。梅西耶本身是个彗星猎人，他编辑这个天体目录是为了把天上形似彗星而不是彗星的天体记下，以便他寻找真正的彗星时不会被这些天体混淆。1774 年发表的《星云星团表》第一版记录了 45 个天体，编号由 M1 到 M45，1780 年增加至 M70。翌年发表的《星云星团表》最终版共收集了 103 个天体至 M103。现时梅西耶天体有 110 个，M104 至 M110 是在星表发布以后，由梅西耶及其朋友梅襄（Pierre Méchain）发现的天体，因此未编入《星云星团表》。

[9] 随着近年的大型系外行星探测计划的开展，到 2019 年发现的系外行星数量已超过 4 000 颗，发现的系外恒星—行星系统的数量也超过了 3 000 个。

[10] 通常形象的称其为电子气，后面沿用此名。

[11] 到 2019 年已知脉冲星的数量已近 3 000 颗，周期介于 12 秒到 1.4 毫秒之间。

[12] 这就解释了脉冲星的高速自转。

[13] 此处释义仅针对视界的英文名。

图片来源

封面：SPL/Laurent Laveder

扉页（数字为页码）：
4 SPL/Celestial Image Co.

正文部分：

1. 认识恒星

6 NASA/ESA/F. Paresce & R. O'Connell, the WFC3 Science Oversight Committee. **9**（右上）699pic;（下图）Julian Baker. **10** SPL/Pekka Parvivainen. **11** SPL/Tony & Daphne Hallas. **12** Galaxy Picture Library. **13** ESO/F. Char. **14** Julian Baker. **15** Galaxy Picture Library. **16** The Bridgeman Art Library/O'Shea Gallery, London.**17** AKG London/Erich Lessing. **18** VCG. **19** Julian Baker. **20**（左上）SPL/Simon Fraser;（下图）Galaxy Picture Library. **21** SPL/Detlev Van Ravenswaay. **22-23** SPL/Luke Dodd. **23** SPL/Adam Hart-Davis. **24**（左图）SPL/John Sanford;（右图）Galaxy Picture Library. **25** Galaxy Picture Library. **26** The Art Archive/Bibliotheque Nationale. **27**（上图）SPL/JOHN SANFORD;（下图）SPL/Luke Dodd.

2. 各种各样的恒星

28 SPL/Celestial Image Picture Co. **31** Roger-Viollet.
32（左图）SPL/John Sanford;（右图）Julian Baker.
33 NASA/ESA/Don F. Figer (UCLA). **34** NASA/ESA/Don Figer (Space Telescope Science Institute). **35**（上图）Galaxy Picture Library;（下图）SPL/David Parker.
36 Anglo-Australian Observatory/David Malin. **37**（上图）Julian Baker;（下图）SPL/Luke Dodd. **38-39** AAO/David Malin. **40** SPL/Mark Garlick. **41** STScI/NASA. **42**（上图）Julian Baker;（下图）SPL. **43** Galaxy Picture Library. **44-45** ESA/Hubble & NASA. **46** SPL/NOAO. **47** SOHO/ESA/NASA/SPL. **48** SPL/ESA. **49**（上图）SPL/NOAO;（下图）SPL.

3. 恒星的一生

50 ESO/J. Emerson/VISTA & R. Gendler.
Acknowledgment: Cambridge Astronomical Survey Unit.
53 NASA/ESA /Mohammad Heydari-Malayeri (Paris Observatory, France). **54-55** AAO/SPL/Royal Observatory, Edinburch. **56-57** SPL/Royal Observatory, Edinburch.
58 Wikipedia. **59** ESO. **60-61** Anglo-Australian Observatory/Photograph by David Malin. **63** ESO.
64 NASA/ESA/A. Simon (GSFC). **65**（左图）699pic;（右图）Anglo-Australian Observatory. **66** Anglo-Australian Observatory/Photograph by David Malin. **67** Julian Baker.
68 NASA/ESA/The Hubble Heritage Team (AURA/STScI).
69 Hubble Heritage Team (AURA/STScI/NASA/ESA). **70** Anglo-Australian Observatory/Photograph by David Malin.
71 Anglo-Australian Observatory/Photograph by David Malin.

4. 恒星的爆炸及残骸

72 NASA/ESA and The Hubble Heritage Team (STScI/AURA). **75** Julian Baker. **76-77** Anglo-Australian Observatory/Photograph by David Malin. **78-79** SPL/NASA/Chandra X-Ray Observatory. **80** Anglo-Australian Observatory/Photograph by David Malin. **81** NASA/ESA/Allison Loll/Jeff Hester (Arizona State University). **82**（左图）CXC/SAO/NASA;（右图）ESO. **83** CXC. **85** Julian Baker. **86** The Hubble Heritage Team (STScI/AURA/NASA/ESA). **87**（上图）Julian Baker;（下图）Corbis/bettmann. **88** SPL/STScI/NASA. **89** SPL/STScI/NASA.
90 STScI/NASA. **91** Caltech GRB Team/STScI/NASA.
92-93 ESO.